sheng wu jiao xue zhong de shen ming ke xue shi

ji qi jiao yu gong neng

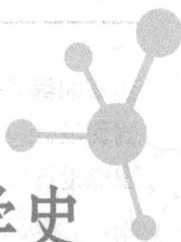

生物教学中的生命科学史
及其教育功能

魏丽芳 著

中国出版集团

世界图书出版公司

广州·上海·西安·北京

图书在版编目（CIP）数据

生物教学中的生命科学史及其教育功能 / 魏丽芳著 .
—广州：世界图书出版广东有限公司，2025.1重印
ISBN 978-7-5192-1156-1

Ⅰ.①生… Ⅱ.①魏… Ⅲ.①生物学—教学研究
Ⅳ.①Q-4

中国版本图书馆 CIP 数据核字（2016）第 084570 号

生物教学中的生命科学史及其教育功能

责任编辑　张梦婕
封面设计　汤　丽
出版发行　世界图书出版广东有限公司
地　　址　广州市新港西路大江冲 25 号
印　　刷　悦读天下（山东）印务有限公司
规　　格　787mm×1092mm　1/32
印　　张　7.625
字　　数　125 千字
版　　次　2016 年 5 月第 1 版　2025 年 1 月第 2 次印刷
ISBN 978-7-5192-1156-1/Q・0065
定　　价　58.00元

前　言

　　生物学发展的历史，是反映生物学科孕育、产生和发展演变规律的历史，也是科学思想取得胜利的历史。在生物学发展的过程中，有着许多能够启迪人们智慧的研究方法，有许多催人泪下的英雄业绩，还有许多宝贵的经验和教训。

　　长期以来，由于我国高等师范院校的课程体系和教学方法方面存在的问题，导致了培养的学生普遍缺少学科发展方面的知识。学生学习基本的概念、基本的原理往往是重结果，轻过程，常常是知其然，不知其所以然。多数学生没有能够真正理解学科重要概念的来龙去脉，特别是对蕴涵在其中的科学思想和科学方法并未真正理解，对学科发展史上重要的人物和事件以及他们在创新过程中的所思所想知之甚少。不能够理清学科发展的主线，所学的知识比较肤浅，不能够很好地从历史发展的角度把握学科知识体系是如何建立起来的。而这些学生成为教师以后，往往没有机会补上这一课，结果就导致了教师的学科知识结构不合理。这方面的学科素养的缺乏，又导致了教学中思路狭窄、创造性不强、照本宣科现象非常普遍，一定程度上阻碍了教师的专业化发展。

如果教师在生物学教学中，适当穿插一些与之相关的有教育意义的生物学史知识，运用历史的方法，从发展的观点去追踪生物学概念或者理论的演化过程，更加深入地揭示其实质，把握住基础知识的来龙去脉，便可以随心所欲地驾驭教材。

把静态的知识变成动态的，不仅可以使得学生更好地领会和掌握生物学基础知识，而且能够调动学生的学习积极性，使得他们能够灵活地运用基础知识解决面临的新问题、总结新经验，并为将来发展新理论奠定基础。同时教师如果能够把生物学重要的发展过程中所涉及的一些著名的科学家的事例介绍给学生，可以激发他们学习科学的兴趣，培养他们严谨的治学态度和为科学献身的精神。对他们进行生动的思想政治教育、爱国主义教育和辩证的唯物主义教育，无疑是对学生实施素质教育的有效方法。

今天，在中学教师中开展以提高素质与能力的继续教育培训，在全国范围内已经达成共识。教育部在《中学教师继续教育课程开发指南》中将《生命科学史》列为必修课之一。但是，目前能够作为继续教育培训课程的生命科学史教育的参考书很少，基于这一目的，编者编写了本书。

由于本人经验和水平不足，偏颇或者疏漏之处实属难免，希望读者能够批评指正。

编者

2016 年 1 月

目 录

第一章 生物学的起源

　　"生物学"这个名词本身是在19世纪初由法国生物学家拉马克提出来的。生物学包括解剖学、生理学、胚胎学、细胞学、遗传学、分子生物学、进化论和生态学。生物学和其他所有学科一样，其渊源可以追溯到史前。根据古人类学的研究，大约300万年以前人类就已经出现在地球上，在300多万年的漫长岁月里，人类99%以上的时间是在原始社会中度过的。原始人没有留下任何有文字记载的生物学知识。但是，根据地层中发掘出来的化石和考古资料，我们能大体推断出原始人的生活状况，并且在与大自然的相处过程中他们已经开始积累原始的生物学知识。

　　对人体和动物的解剖是生物学最早的组成部分之一，原始人在伤口护理和外科手术中做的尝试提供了有关人体解剖学的相关知识。在经历生老病死的过程中原始人收集到了大量重要的生理学方面的信息，例如呼吸、心跳、脉搏、血压和体温。在欧洲，考古学家发现了原始人中晚期智人住过的山洞，这些洞壁上画着野牛、野马、野猪、猛犸、犀牛、鹿、熊等各式各样的动物图；画着一群人手执弓箭的狩猎图，图中有中箭倒地的野牛。这说明晚期智人已经发明了弓箭。有了弓箭，人类猎获的动物大大地增加，从地上的走兽到天空的飞鸟都成了狩猎的对象。捕猎的动物多了，一时间吃不完就圈养起来，逐渐驯化成家养动物。我国历史传说中的伏羲氏"拘兽以为畜"就反映了这个时期的动物驯养。最早驯养的动物可能是狗和猪。在饲养动物中，驯养者有机会长期观察和了解动物的生活习性，从而积累了有关饲养动物生长发育和繁殖等方面的生物学知识。同时，晚期智人开始刀耕火种，围垦荒地，适时播种。大约在距今4500多年以前，地处我国黄河上游的陕西岐山姜水一代，相传居住着一个以炎帝为首领的氏族部落，炎帝教导人们种植五谷，在他的领导下，人们不断地改进生产工具，人工栽培了稻、麦、粟、白菜等植物，从而积累了有关栽培植物的生物学知识。尽管这些知识比较粗浅、简单，但可以说是混沌之初开，文明之前奏。炎帝也被尊为神农。

人类经过几百万年的发展进入了文明时代。因为有了文字，生物学知识逐渐开始发展。在中国，现存的最古老的文字，是在河南安阳殷墟发现的甲骨卜辞。甲骨文主要是一些比较原始的象形文字。从这些甲骨卜辞里记载的动植物名称的象形文字中可以知道，那时候人们已经能够按照动植物的外部形态的异同来作为分类的标志。甲骨文中有鱼字，但是没有不同的鱼的名字，说明他们对鱼类的认识还比较粗浅，仅仅知道是和虫、鸟、兽不属于同一类的另一类生物。关于植物的名称，有同从禾形的禾、黍、麦等字，有同从木形的杜、柏、桑、栗等字，表明了人们已经把植物分成了禾、木两大类，相当于现在的草本植物和木本植物。从甲骨文中反映出来的把植物和动物分成草、木、虫、鱼、鸟、兽的分类思想，比较完整地表达在我国的第一部词典《尔雅》中。全书共分成十九篇，其中有释草、释木、释虫、释鱼、释鸟、释兽、释畜七篇，是专门解释动植物的。前六篇把植物和动物分成草、木、虫、鱼、鸟、兽六类，而最后一篇又把野生动物和家养动物区分开来。《尔雅》对所释的生物类别，已经有了明确的概念。如对鸟类和兽类就下了这样的定义："二足而羽为之禽，四足而毛为之兽。"这和现代生物分类学中所说的概念已经十分相似。

而在西方，古希腊的著名学者亚里士多德以广博的学识，写下了《动物史》《论动物的器官》《动物的繁殖》等生物学著作，其中《动物史》体现了亚里士多德在生物分类上的睿智，代表了古希腊以及全欧当时的生物分类水平。亚里士多德与柏拉图和苏格拉底共同创造了西方哲学的核心，他们在科学史上的贡献具有深远的意义。亚里士多德是柏拉图的门徒和法定继承人，但是他让老师非常失望。在长期动乱的生活中，他似乎越来越背离老师的教导。就像柏拉图是第一个有大量著作保留下来的哲学家一样，亚里士多德是一个有这样荣誉的自然科学家。在亚里士多德的个人传记中，有许多反映公元前 4 世纪古希腊的政治、风俗习惯、哲学和科学等方面的材料。

亚里士多德生于马其顿的斯塔吉拉镇。在当时先进的、历史悠久的希腊各城邦中，这个小镇只能称为一个半开化的地区。马其顿是当时希腊最大的城邦，由亚历山大大帝的父亲菲利普统治。亚里士多德的父亲是一个成功而富有的宫廷御医。当亚里士多德 17 岁时，他被送到柏拉图学园进行学习。他在那一直待到柏拉图去世为止，时间长达 20 年之久。在此期间，亚里士多德已经成为一个独立的哲学家和作家，他甚至对他导师柏拉图的哲学中的某些内容也持有保留意见。很可能柏拉图注意到了这一点，于是指定他的侄子作为他的继承人，而不是亚里士多德。亚里士多德带着激怒和失望离开了柏拉图学园，也离开了雅典，并且放弃了数学。他来到莱斯博斯岛，在他一生的这一阶段，他的主要兴趣是研究生物学。

在亚里士多德之前，西方常按照柏拉图提出的两叉式分支法来划分动物的种类，如把动物分成水栖动物和路上动物、有翅动物和无翅动物等互相对立的类别。亚里士多德注意到这种分类方法会把亲缘关系很近的动物分开，而把亲缘关系很远的动物放在一起。例如：把有翅蚁分在有翅动物里，把无翅蚁分在无翅动物里，这显然是不合理的。亚里士多德认为，应该寻找若干能够区别不同类动物的特征，来作为动物分类的标志。充满好奇心的亚里士多德，留心观察了520多种动物，还亲手解剖了其中的50多种，以比较不同类型动物之间的差异。他很快发现，可以用血液的有无作为标志，把整个动物界分成两大类：有血液的动物和没有血液的动物，这两大类动物就相当于现在分类学上的脊椎动物和无脊椎动物。然后，亚里士多德又依据动物的形态、结构、习性、生殖方式等方面的特征，把这两大类动物分成若干部类。

图1-1　亚里士多德

亚里士多德把动物界分成两大类有一定的道理，但是以血液的有无作为分类的标志并不是很科学，因为他把动物体内呈红色的液体叫作血液，而只具有白色或者近似白色液体的动物就被断定是无血液的了，这显然与事实不相符合。尽管如此，亚里士多德无疑是欧洲第一个创立了动物分类学的学者，是第一个按照动物性状的异同进行分类的动物学家。亚里士多德在植物方面也做了不少的研究工作，但是研究的成果没有保存下来，所幸的是其大弟子德奥弗拉斯特弥补了这方面的缺憾，德奥弗拉斯特工作勤勉，独立思考，是一个很有创造力的植物学家。他明确地区分了植物和动物。他告诫说，不要去硬凑动物和植物在形态学上的相似性。它们之间是非常不同的两大类生物。德奥弗拉斯特还详细阐明了动物和植物在结构与性能上的基本区别。无疑，亚里士多德和德奥弗拉斯特的工作，开创了动植物分类学之先河。

第二章 细胞学的发展历程

　　细胞学说揭示了生物体结构的统一性。有了细胞学说，生物体产生、成长和结构的秘密被揭开了。细胞学说被恩格斯誉为打破形而上学自然观的三大发现之一，它同达尔文的进化论、能量守恒定律一起奠定了辩证唯物主义的自然科学基础，它和进化论一同成为 19 世纪生物学的两座丰碑。

　　细胞学说的建立经历了很长的时间，我们需要从以下几个方面探究细胞学说的建立过程：对人体的解剖研究；显微镜下的发现；对生物体结构统一性的推测；显微镜下对动植物组织的观察；施莱登和施旺的工作；新细胞是怎样产生的。

一、对人体的解剖研究

　　12 世纪末期，欧洲还处于中世纪的封建制度以及教皇拥有绝对权威的时期。随后不久，欧洲进入了文艺复兴时期(14—

16世纪）。在文艺复兴时期，医学和艺术的发展都需要精确的解剖学的知识。当时出现了一种新的观点：人体是美丽的，是值得研究的。为了精确地描述自然，艺术家除了解剖人体外也进行动物解剖，甚至在大学进行公开的解剖演示或者给私人上解剖课。达·芬奇（DaVinci，1452—1519）是这些艺术家中的代表人物，他认为完全有必要用关于肌肉系统和内部器官的解剖知识来指导艺术创作。在这种思潮的影响下，一批学者开始投身到解剖研究中，以下几位学者在这方面的贡献尤为突出。维萨留斯（Vesalius，1514—1564）是一个艺术家、人文主义者和博物学家。他在解剖时，不仅观察内脏器官，而且还注意研究肌肉、神经、血管和骨骼。1543年，他发表了著作《人体的构造》。在维萨留斯之后，血液循环系统有了进一步研究：塞尔维特（Servetus，1511—1553）提出了肺循环理论（他由于与宗教权威的斗争而被宗教裁判所活活烧死）；维萨留斯的学生哥伦布（Columbus）明确描述了肺循环；法布里休斯（Fabricius，1537—1619）发现了静脉瓣膜，认识到瓣膜有防止血液从周围血管倒流回心脏的作用。17世纪，哈维（Harvey）成功地综合了心脏和整个循环系统的作用和功能。他于1628年发表了重要著作《论动物心脏和血液运动的解剖学》专题论文。他的唯一不足是没有直接观察到毛细血管，这使他没有认识到动脉和静脉之间是怎样沟通的。1660年意大利组织学家马尔比基（Marcello Malpighi，1628—1694）应用显微镜发现毛细血管的结构后，人们才弄清楚血液循环的线路。18世纪的许多解剖学家把注意力集中在器官以及器官、系统的结构和功能上，比夏（Marie Francois Xavier Bichat，1771—1802），法国解剖学家，他的大部分时间是在解剖室中度过的，一年中至少要解剖600具尸体。他开始从各个器官来了解整个人体，把器官分解成组成它们的"原始结构"——组织。他把人体分解成21种组织。

二、显微镜下的发现

16世纪末，约在1590年，荷兰的眼镜制造商詹森制造了第一台原始的复式显微镜。这项发明完全是出于好奇，因为没有找到他当时把显微镜当作重要的观察工具的证据。但是，显微镜的发明为细胞学说的建立创造了条件。1610年左右，意大利科学家伽利略（Galilei，1564—1642）知道了詹森的设备后，自己装备了显微镜，并且观察了昆虫的复眼。这是显微镜首次用于科学研究的记载。不过，17世纪最重要的显微生物学家是马尔比基（Malpighi，1628—1694）、列文虎克（Leeuwenhoek，1632—1723）和胡克（Hooke，1635—1702），他们在这个全新的生物学领域的工作成就，不仅在17世纪里无人出其右，而且一直到19世纪也始终保持无与伦比的地位。

马尔比基正好出生在哈维《心血运动论》出版的那年，许多年以后，也正是马尔比基的显微镜观察，证实了哈维所预言的毛细血管的存在。当时，人们对于肺的结构知之甚少，它仅仅被描述为一个多孔的肉质器官。解剖学家认为，血液和空气注入肺后，就在这多孔肉质的器官内自由混合。1660年，马尔比基借助显微镜观察青蛙的肺，发现肺是由充满了空气的膜状小泡组成的。血液并不从管道中漏出来进入气泡，而是通过极其细微的毛细血管从动脉流入静脉。以后，他又在蛙体的其他部位发现了毛细血管。马尔比基早期专门研究蚕，他从显微镜下的解剖中看到，这些小动物有一个遍布全身的极其细微的器官系统，这种复杂的具有呼吸功能的微小器官，给马尔比基留下了很深的印象。有一天，他在林间散步，看到一棵树的树枝折断了，折断处周围的一些丝状体引起了他的好奇心。他用袖珍显微镜仔细观察这些丝状体，发现他们同蚕的微小器官非常相像。由此，马尔比基猜测，生物有机体呼吸器官的大小可能与其完善程度成反比，生物有机体越不完善，呼吸器官就越大，生物有机体越完善，呼吸器官就越小。例如，植物布满了螺旋状器官，昆虫体表覆盖有大量细微的气管，鱼有很多鳃，而人和高等动物则只有一对很小的肺。在显微镜下，马尔比基还发现了一个介于真皮和表皮之间的色素沉着层（已被命名为马尔比基层），发现了舌上的乳头，以及发现了肾和脾中的马尔比基小体。

列文虎克是一个精力充沛且充满好奇心的人，他是17世纪最具有独创精神的显微镜使用者。他的观察领域如此广泛，以至于直到19世纪，科学家们都被警告说，他们在宣称自己利用显微镜进行独创的观察之前，都应该小心地翻阅列文虎克留下的笔记。列文虎克的父亲是个编织篮子的工匠，早在他6岁那年就去世了，母亲的家里以酿造啤酒为业。列文虎克一家居住在荷兰的代夫特，这个城市以啤酒、纺织品和陶瓷器著称。他的母亲再婚之后，列文虎克就读于一所语法学校。16岁时，一个亚麻布制品商雇用列文虎克作为他的簿记员和出纳员，6年之后，他回到了代夫特，买了一所房子和店铺。从1660年开始，他还从事了一系列的行政职务。虽然他的生意和市政工作都需要投入很多精力，但他还是花费很多的时间进行显微镜研究，以至于他经常被指责忽略了自己的家庭。也许这种指责是有一定道理的，他的两个妻子和六个孩子中的五个都先于他去世了，而根据他墓碑上的记载，列文虎克却活了90岁10个月零2天。

列文虎克39岁那年开始对镜片产生了兴趣，他制造显微镜的灵感却不知道来自于何处。列文虎克的首个单筒显微镜很小，是用一个玻璃球手工磨制而成的。随着他的好奇心和技术的不断增强，列文虎克学会了制作小巧的短焦距双凸透镜。他的大部分镜片都是小巧的短焦距双凸透镜并且都是由精心挑选的玻璃片甚至是沙粒磨制抛光而成的，有些可能是由熔铸玻璃制成的。有了这些微小而高性能的镜片，列文虎克的单筒显微镜比17世纪大部分的光学设备都精良。在50多年的研究中，列文虎克可能制作了500多个镜片，在他去世之后，遗留给皇家学会的储藏柜里装有26幅显微镜和很多镜片。皇家学会的成员经过实验之后发现，它们的放大倍数在50倍到200倍之间不等，但是不幸的是，这些设备在列文虎克去世100年间就全部丢失了。

列文虎克把自己描述成为一个拙于言辞的人，因为他的成长经历决定了他适合"实干"，而在语言方面并不擅长。并且，他坦率地告知那些博学的绅士们，他不喜欢将自己的方法公之于众，因为他不会坦然面对"别人的反驳和责难"。列文虎克不懂拉丁文，因此无法阅读他同时代的学者所著的拉丁文的学术论文，这在一定程度上使他摆脱了普遍存在的教条主义和偏见思想，但是他的研究也不是在完全封闭的学术环境中进行的。他阅读一些荷兰学者的作品和一些权威作品的荷兰语翻译本，对于那些不能阅读的书籍，他研究书中的插图；在必要的时候，他寻求朋友的帮助，还请过专业的翻译。也许他没能接受更多的有用的信息，但是他保持了思维的独立性。一些无知的人认为他是个魔术师，经常向人们展示一些根本不存在的东西，而另外一些学识渊博的人对他作品的真实性提出了质疑，即使如此，他也没有动摇观察和研究的信心。

在漫长的职业生涯中，经历充沛的列文虎克做出了很多重大发现，我们实在没有办法逐一列举。列文虎克没有确定的科学研究方向，凡是让他感到好奇的，他都观察。诸如晶体、矿物、植物、动物、不同来源的水、自己牙齿上刮下来的牙垢、唾液、精液乃至火药等，都被他在显微镜下观察过。列文虎克在对许多动物做了各种尝试之后，于1688年开始用显微镜观察蝌蚪的尾巴，他这样描述观察所及：我在不同地方发现了五十多个血液循环。我不仅看到，血液通过极其细微的血管从尾巴中央传送到边缘，而且还看到，每根血管都有弯曲部分即转向处，从而把血液带回尾巴中央，以便再传送到心脏。我认为，我在蝌蚪尾巴上所看到的血管和称为动脉与静脉的血管是完全一样的，如果它们把血液送到血管的最远端，那就专称为动脉，而当它们把血液送回心脏时，则称为静脉。列文虎克认为，人体内发生的情况也必然如此，而我们之所以不能看到是因为人的皮肤太厚。列文虎克很快发现了血液中的红血球，他最早指出，这种红血球在人血和哺乳动物的血中是椭圆形的。

列文虎克独立做出的最重要的发现，是他在一只盛放了几天雨水的陶罐中观察到的单细胞生物。它们看上去大约只有肉眼可以看到的大水蚤和水虱的千分之几十那么大，有的似乎比一只红血胞的二十五分之一还要小。它们或三五成群，或七八成团，却没有可见的膜把它们包容在一起。当它们运动时，便伸出两个小的触角。

1683 年，列文虎克心血来潮地从自己的牙齿上刮下一点牙垢，用纯净的雨水调和后，放在显微镜下观察，他惊讶地看到有许多小生命在游动。它们的大小、形状和游动方式都各不相同。有的长而灵活；有的较短，像陀螺似的转动；有的呈圆形或者椭圆形，像昆虫群似的来回运动。这些小的生命是那么小，好几千个聚在一起只有一粒沙子那么大。显然，列文虎克用他制作的较高放大倍率的显微镜发现了微小的生物——细菌。此外，他还发现在狗、兔和人的精液中，都有活动的精子；他发现，蚜虫的出生无需受精，幼虫是从没有受过精的雌虫体内产生；他发现了轮虫类，并且观察到当包容它们的水蒸发掉时，它们就变为干尘，放入水中时则又复活。他还研究了眼球晶状体的构造，骨的构造和酵母细胞等。

在开拓显微生物学的道路上，还有一位领军人物，他就是英国皇家学会的干事长胡克。胡克在牛津大学就读期间，遇上了波义耳，成了他的一名实验助手。1665年，胡克动手制造了能放大40—140倍的复式显微镜。有一段时间，他对软木的物理性质发生了兴趣，想知道软木的弹性、轻重、疏水等特点。当他用这台显微镜观察软木薄片时，他发现这种软木薄片原来是由许多排列整齐的蜂窝状小孔组成，粗略计数，每平方英寸竟然超过100万个，胡克把这些小孔叫作细胞。100多年后，人们发现胡克首创的细胞就是生命组织的基本单位。为此，胡克是第一个发现细胞的科学家。虽然由于牛顿的存在而相形见绌，胡克仍然是17世纪最主要的发明家和科学工具的设计者之一。

胡克对天文学仪器方面的贡献尤其可贵，同时他还改进了显微镜和照明的方法。当然，对光的研究也是他所主要关注的一个理论问题，作为英国皇家学会会员，胡克要在每周的聚会上示范各项研究工作。1663 年，他被指派去执行一个大规模的显微镜观察的计划，以便在每周的聚会上至少可以展示一个新的发现。尽管他的视力障碍使得他运用显微镜工作非常艰难，甚至非常痛苦，但胡克还是展示了对各种昆虫的观察，包括跳蚤、虱子和小昆虫，并且示范研究了各种不同的毛发、各种纺织品、针尖、剃刀的刀锋、霉菌、苔藓以及新切割的软木段中的细胞。胡克的著作《显微镜图谱》记录了这些观察的结果，有力激发了人们对显微镜研究的兴趣。这部备受欢迎的作品就像一个知识的宝库，承载了大量显微技术的信息，书中的插图展现了人们熟悉的物体被放大之后的奇特模样。虽然《显微镜图谱》针对的是一般的读者，但是在书中，胡克还对光的属性进行了理论研究，并且做出了推测，分析了呼吸和燃烧之间的关系，探究了化石的起源。胡克描述了活体的植物细胞。由于显微镜的使用，人们发现了一个新的世界，也发现了细胞的存在。但在这以后的 100 多年中，人们对细胞的观察大多停留在外貌上，还没能窥探其内容物，到了 19 世纪，随着显微技术的改进，人们才从简陋、粗糙、片面的死细胞研究，进步到多样、精细、全面的活细胞研究。

图 2-1 列文虎克　　　　图 2-2 胡克

三、对生物体结构统一性的推测

米尔贝尔（C.B.Mirbel，1776—1854），法国植物学家。他结合显微镜的观察和对植物结构基本特点的推测，认为植物的每个部分都存在着细胞。奥肯（Loronz Oken，1779—1851），德国植物学家、自然哲学家，歌德（Johann Wolfgangvon Goethe，1749—1832），德国诗人、学者，他们从自然哲学的角度提出，组成有机界多样性的是生命的"原型"，"原型"反映出大自然的一般形式，通过对原型的理解，可以更为深刻地理解生命的结构和功能。奥肯把显微镜观察与形而上学的推测相结合，假定存在一种原始的未分化的黏液状的液体——"原液"，原液中产生球状小泡，并且形成"纤毛虫"，这些"纤毛虫"是生命的基本单位。这些学者的思想激励许多年轻的科学家去研究生命体的原型。奥肯的书被同时代的人广泛阅读，包括施莱登和施旺。

四、施莱登和施旺建立的细胞学说

植物学家施莱登（Matthias Jacob Schleiden，1804—1881）和施旺（Theodor Schwann，1810—1882）正式地提出了细胞学说。从各方面来看，施莱登都是最稀奇古怪的科学名人之一。施莱登在海德尔堡大学学完法律后，在汉堡从事律师工作。但是施莱登的工作很失败以至于他决定自杀，然而即使用枪对准自己的前额，他都没有自杀成功。当这种自我折磨造成的浅伤口愈合后，施莱登决定放弃法律而从事自然科学研究。施莱登获得了医学和哲学双博士学位后，被聘为耶拿大学的生物学教授。

虽然施莱登在教学和科研上都很成功，但是12年后为了旅行和放松神经，他辞去了工作。同时代的人形容施莱登傲慢自大，喜怒无常，毫不留情地攻击他的对手和前辈。然而，施莱登却很尊重米尔贝尔的研究工作。当时的植物学界主要从事植物标本的采集、分类、鉴定和命名，却忽视植物的结构、功能、受精、发育和生活史的研究。施莱登感到不满，他认为植物学是一种综合性的科学，应该用一切可能的手段研究生命有机体，研究植物的形态以及生长发育的规律。他用显微镜仔细观察了几十种植物，特别是显花植物的胚珠和花粉细胞，不仅看到了这些植物体的细胞，还看到了布朗所发现的细胞核。

1838 年，施莱登在《解剖学和生理学文献》杂志上发表了植物发生论一文，在论文中，施莱登指出，"无论怎样复杂的植物体，都是各具特色的、独立的、分离的细胞的聚合体"。在植物内部，每个细胞"一方面是独立的，进行自身发展生活，另一方面是附属的，是作为植物整体的一个组成部分而生活着"。所以植物的生命从根本上说是细胞生命活动的表现形式。这些观点构筑了细胞学说的基本框架。与粗暴、异端的施莱登相比，施旺看起来是一个羞怯、内向、过于虔诚的人。施旺在科隆的耶稣会学院接受早期教育，然后学习医学，1834 年毕业后，他成为弥勒的得意门生。弥勒给了施旺鼓励、能量和意志力，使他一直不停地工作。在那段时间里，他完成了细胞学说名著，并对组织学、生理学和微生物学也做出了很多贡献。施旺为弥勒准备组织标本时发现了后来以他的名字命名的包绕神经纤维的鞘；在研究消化过程时，他发现了被称作胃蛋白酶的酵素。施旺也研究鸡胚胎的呼吸以及它对氧气的需求。施旺实施的有关发酵的一个非常有说服力的实验对自然发生论提出了挑战，并且施旺提出微生物对于腐败和发酵中的化学变化有一定的作用。施旺由于不能处理作为19世纪学院生活一部分的暴力争论，最终决定放弃竞争德国大学的教授职位，而退居到科学研究工作中去。

在1838年10月的一次聚会上，施莱登遇到了在缪斯实验室工作的施旺，他还把未公开发表的《植物发生论》中对有关植物细胞结构的情况，以及细胞核在细胞发育中的作用等方面的认识做了介绍，引起了施旺的兴趣。施莱登的介绍使得施旺立刻回想起曾在脊索细胞中看见过同样的结构，在这一瞬间他领悟到，如果我能够成功地证明脊索细胞中的细胞核起着与植物细胞的发生中所起的相同作用，这个发现将会是极其重要的。此时，施旺已经认识到细胞核将是统一动植物基本构造的关键结构。施旺选用的材料是具有类似于植物细胞壁的结构的动物脊索细胞和软骨细胞。为什么首先选择脊索细胞和软骨细胞作为实验材料呢？在当时的条件下，观察动物细胞远比观察植物细胞困难得多，一方面，柔软细胞的切片技术还未发明；另一方面，染色技术还未发明，所以看到的动物细胞总是透明的。像施莱登一样，施旺从细胞核入手进行研究。他发现在众多的动物组织细胞中，如肌肉纤维，神经管、卵细胞，都有细胞核存在。施旺发现细胞核是阐明动物体细胞性质的关键。

施旺的经典论文分为以下三部分。

第一部分，描述了蝌蚪的脊索和各种不同来源软骨的结构和生长情况。他对脊索和软骨所做的仔细观察表明："它们的结构和发生的最重要现象与植物的对应过程相一致。"该部分的主要结论：某些动物组织确实起源于细胞。但是，要证明某些组织是由细胞所组成的，是件很困难的事。（因为有些细胞极其小，而且细胞膜与细胞内含物具有相似的折射率，即使放大400至500倍，细胞之间的界限也分辨不清）。施旺指出：有无细胞核存在是有无细胞存在的最重要和最充足的根据，这就给辨别真正的细胞提出了一个标准。要观察某一组织是怎样从细胞起源的，就必须追溯到该组织的早期发育情况。

第二部分，提出证据论证了一切动物组织，无论特化到什么程度，其构成基础都是细胞。为证明所有组织都起源于细胞或都是由细胞所组成，施旺开始把卵作为"以后发生一切组织的共同来源"来考察，然后研究动物体中的"永久组织"。纤维研究显示了动物的整体是由细胞或细胞产物所组成的。

施旺也看到了动物细胞的两重生涯——每个细胞都独立地生活，但同时又从属于有机体的整体。他描述了两类细胞的生活状态：对游离状态的细胞来说，细胞膜与相邻的细胞是截然分开的；对于结合状态的细胞来说，细胞膜则是完全或部分与邻近的细胞混合在一起或与细胞间质混合在一起。

施旺特别重视对细胞的分类。他以细胞的结构为基础，把组织分成五类：第一类，是由分离的、独立的细胞组成，如血液和淋巴细胞；第二类，是结合成连续组织的独立细胞，如角质组织和眼球晶状体；第三类，是细胞膜已经相互结合的组织，如软骨、骨骼和牙齿；第四类，为纤维性细胞；第五类，是由细胞膜及其内容物相互融合形成的组织，如肌肉、神经和毛细血管。施旺的组织学说比比夏前进了一大步，因为它主要是以细胞的研究为基础。在新细胞发生的基础上，产生了组织。

施旺极力主张其他科学家把寻找细胞的相似性和不同部位细胞发生的相似性作为重要的研究方向。无论生物体的某个部分是怎样地独特或看上去没有细胞，如果从胚胎发生的观点向上追溯，就会发现，动物所有最复杂和最特殊化的组织都是由细胞产生的。

第三部分，施旺总结了他的全部研究，对其进行了强有力的概括，建立了细胞学说。这部分包括以下两个论点。第一个论点，无论有机体的各基本部分怎样不同，在它们的发生和发育上有一个普遍的原则，那便是形成细胞的原则。

第二个论点，细胞的产生过程是：物质围绕着已有细胞，或者在细胞的内部，依照一定的规律形成细胞。根据这种规律，各种细胞以各种方式发育，成为生物体的各个基本部分。

施莱登和施旺发表了他们的研究成果，建立了细胞学说。该学说是在研究植物和动物相似性的基础上建立的。可以看到，他们关于新细胞发生的概念（第二个论点）是错误的，后来细胞分裂的发现就证明了他们的错误。该学说的局限性是相当明显的。

但是细胞学说的建立，推倒了分隔动植物界的巨大屏障，使千变万化的生物界通过细胞这个共同的基本单位而统一起来，同时证明了生物之间存在着亲缘关系，从而为生物进化理论的提出奠定了基础。

图2-3 施莱登

图2-4 施旺

五、新细胞是怎样产生的

（一）对新细胞发生的认识

施莱登指出，细胞中存在着含有黏液的基本物质，这些物质只经过简单的物理过程（结晶），便可以形成细胞；当细胞核长到一定大小时，细胞核周围便形成一个小泡，这个小泡在母细胞中逐渐长大，进而形成子细胞；当子细胞的体积超过母细胞的细胞核体积时，便从母细胞中分离出来，于是形成一个完整的新细胞。

在新细胞发生的认识上，施旺与施莱登是一致的。不久，耐格里和罗伯特·雷马克（Robert Remak，1815—1865）等人纠正了施莱登和施旺关于新细胞发生的错误认识。德国科学家耐格里在显微镜下观察了许多植物分生区部位的细胞增殖过程。他发现，低等的水藻是研究细胞分裂和观察细胞物质运动和功能的好材料。在此基础上，他发现，新细胞是通过细胞一分为二的分裂过程形成的。因此他提出细胞是以细胞分裂的方式形成的，施莱登、施旺有关新细胞发生的理论是错误的。

德国科学家默勒（H.von Mohl，1805—1872）与耐格里几乎同时发现植物细胞的分裂现象，明确提出植物细胞的分裂方式是细胞一分为二。他得出的结论是：像施莱登那种关于新细胞形成的现象，在自然界是从来观察不到的。他对施莱登提出非议，甚至还说"施莱登从来就没有观察到细胞的分裂"。瑞士科学家克里克尔发现，动物细胞的形成也是通过细胞分裂的形式，并首次发现了细胞分裂中细胞核分裂现象。他发现卵是单个细胞，而整个胚胎发育过程实际上是细胞不断分裂的结果。雷马克明确指出动物细胞分裂的普遍性。1841年，雷马克描述了鸡胚胎红细胞形成过程中细胞分裂的方式。随后，他检查了蝌蚪肌肉的发育情况，并且对鸡的受精卵分裂进行了观察。1850—1855年间，雷马克撰写了一篇胚胎学论文。在论文中，他认定胚胎细胞是通过发生在卵细胞中的分裂而形成的，并且提供了存在3个不同胚层的微观证据，跟踪观察了鸡胚胎层产生的衍生物。在论文的结尾，雷马克根据实验观察所获得的细胞分裂的证据，得出"细胞分裂是产生新细胞的主要途径，即便不是唯一的途径"的结论。

但是，他们都没有观察到细胞分裂的详细的过程。

（二）对动植物细胞分裂的研究

1. 体细胞的分裂

19世纪70年代和80年代，通过德国植物细胞学家斯特拉斯伯格（E.A.Strasburger，1844—1912）、德国细胞学家弗莱明等许多学者的努力，才正确阐明了动植物细胞有丝分裂的过程，并且证明它们遵循着共同的规律。1875年，斯特拉斯伯格出版了《细胞组成和细胞分裂》，在此著作中清楚地描述了植物细胞分裂的复杂过程。弗莱明是研究动物细胞分裂的杰出人物。1879年，弗莱明描述了蝾螈细胞的有丝分裂。19世纪70年代后期，他对细胞分裂中染色体的变化进行了详细的描述，首次运用苏木精做染色剂，并且提出用"染色质"来表示细胞核中被染色剂染色的物质。弗莱明又将体细胞的分裂称作"有丝分裂"，并将细胞分裂分为前期、中期、后期来描述，确定了每一时期细胞形态变化的特征。1882年，他出版了《细胞质、细胞核和细胞分裂》，这部著作成为当时有关细胞分裂研究的杰作。

2. 减数分裂的发现

1875年，赫特维希（O.Hertwig，1849—1922）在观察海胆卵的受精作用时，发现精核和卵核的融合。1884年，斯特拉斯伯格观察被子植物的受精作用过程时，发现了和赫特维希在动物细胞中所观察到的同样现象。由于双亲的特征遗传给后代是由参加受精作用的两种生殖细胞来完成的，因此，需要确定细胞的哪一部分与遗传特性有关。斯特拉斯伯格进行了各种植物的正反交实验，得到了相同的结果。因为卵细胞和精子在大小和所含细胞质的数量上是不相同的，所以他认为细胞质与物种间在遗传上的差异无关，细胞核及其中的染色体则是遗传的物质基础。

1883年，比利时胚胎学家贝内登（E.von Beneden，1845—1910）不仅观察到在有丝分裂过程中染色体的两个子染色体各往一极，以保持子细胞中染色体物质的相等，而且观察到蛔虫配子的染色体数目只有体细胞中染色体数目的一半，在受精过程中，受精卵从卵细胞和精子获得相同数目的染色体，结果，生物在代代相传中保持比较恒定的染色体数目。发现马蛔虫性染色体数目的减少，是认识细胞减数分裂的开始。根据受精作用并不使后代个体染色体数目逐代增加的事实，1887年，魏斯曼（A.Weismann，1834—1914）推测在配子形成过程中必有一个染色体数目减半的过程。他的推测促使许多科学家努力寻找细胞的减数分裂现象。19世纪80年代末，鲍维里（T.Boveri，1862—1915）发现，动物配子在形成过程中染色体数目减少一半。不久，斯特拉斯伯格在植物细胞中也发现了这种现象。1891年，德国动物学家H.亨金指出减数分裂过程是染色体配对及染色体对之间的分离，并指出了脊椎动物、植物和昆虫细胞减数分裂的一致性。但是亨金的研究成果在当时并未得到承认。1905年，英国植物学家法尔默和生物学家穆尔（J.E.Moore）在总结前人工作的基础上，进一步证实了动植物细胞减数分裂的共同性，以及两者之间的某些差异。

19 世纪后半叶和 20 世纪初的重要发现，对细胞学说，尤其是细胞的发生做出了两项重要的补充：（1）动物和植物细胞是由先前存在的细胞均等分裂而产生的；（2）细胞核的分裂先于细胞的分裂。

六、对细胞器的认识

在细胞学说创立后的 100 年间，人们对细胞的研究基本停留在简单观察和形态描述的水平，细胞在生物学家的眼中多多少少还像一团胶状物，里面杂乱地散布着一些含混不清的东西。克劳德决心把细胞内部的组分分离开，探索细胞内组分的结构和功能。当时分离细胞器所遇到的困难是今天的人们难以想象的。许多人对他冷嘲热讽，认为把好好的细胞弄碎是毫无意义的。但是克劳德坚信，要深入了解细胞的秘密，就必须将细胞内的组分分离出来。经过艰苦的努力，他终于摸索出采用不同的转速对破碎的细胞进行离心的方法，将细胞内的不同组分分开。这就是一直沿用至今的定性定量分离细胞组分的经典方法。

1949 年，德迪夫（R.de Duve，生于 1917 年，获得了 1974 年诺贝尔生理学或医学奖）正在研究胰岛素对大鼠肝组织的作用。当这一研究接近尾声时，一个偶然的现象使他困惑不解：有一种酸性水解酶，刚从肝组织分离出来的时候活性并不高，但是保存 5 天后，活性出人意料地大大提高了。德迪夫想：这种酶一定存在于细胞内的某个容器中，从容器中释放出来后才表现出活性。德迪夫凭借敏锐的洞察力，觉察到这其中一定隐藏着不同寻常的奥秘。他继续做了许多实验，结果证实了他的推测：这种酶被包在完整的膜内，当膜破裂后，酶得以释放出来。酶的潜伏状态与包裹它的膜结构的完整性有关。不久以后，其他科学家用电子显微镜和细胞化学方法，证实了德迪夫的发现。1956 年，科学家正式将这种新发现的细胞器命名为溶酶体。

帕拉德是克劳德的学生和助手。他改进了电子显微镜样品固定技术，并应用于动物细胞超微结构的研究，发现了核糖体和线粒体的结构。不仅如此，他还将对细胞结构和功能的静态描述，引向动态研究。1960 年，帕拉德向人们描绘了一幅生动的细胞"超微活动图"，形象地揭示出分泌蛋白合成并且运输到细胞外的过程。他的图示尽管精到，但毕竟是一种推测，实际上过程究竟如何呢？后来，帕拉德及其同事设计了用同位素示踪技术研究蛋白质合成过程的实验，证明了他的推断。这个实验后来成为生物学史上最精彩的实验之一。帕拉德的成功再次说明：现代科学的重大突破，与技术的革新和进步是密不可分的。这些事例都说明了科学研究离不开探索精神、理性思维和技术手段的结合。

第三章　遗传学的奠基

"遗传学"这个术语是在 20 世纪被创造出来的。虽然，遗传学、胚胎学和进化论原先是生物学中不可分割的部分，但是它们在 20 世纪时演变成为复杂而独立的学科。20 世纪 20 年代，经典遗传学（通常称为"孟德尔遗传学"）仍然只是自然历史中的一个试探性而又备受争议的分支学科，只是勉强地从研究生长和发育的胚胎学中分离开来。但是到了 20 世纪 50 年代，遗传学已经成为一门强大的、新兴的和统一的学科，并在生命科学中占据了核心地位。

早在远古时代，交配行为和生殖之间的关系已被人们清楚地认识，并被运用于实践。因此，动物和人被阉割，以使他们更易于驯化或更有用，而且具有优良特性的动物被挑选出来用于配种。但是，繁殖方式的多样性和幼体发育的差异性使得人们长期迷惑不解。受精可以在体内或者体外，幼体出生时可以是卵、昆虫幼虫或者与亲代相似的小动物，或者在形态上与成体完全不同。关于奇怪杂种和畸形怪胎的传说是古老神话和民间故事的常见主题。神话中的生物，比如半人半马的怪物，是人和马的杂合物，当然这只是想象的产物。但是闪族人关于骡子和其父母差异的谚语和希腊哲学家对这种强壮杂合体不育性的讨论都是现实存在的。在古代，从亚里士多德到格斯纳（Gesner，1516—1565）的著名学者相信，近亲繁殖可能会生出比公驴和母马交配得到的更为奇怪的后代。许多希腊神话都包含有关于单性生殖的例子，比如雅典娜是从宙斯头上出生的等。

到后来关于遗传和发育，形成了好几个观点，有预成论、渐成论等。一直到19世纪后叶，遗传现象受到了注意和重视。这时，人们把遗传和发育分开，并认为发育是受遗传控制的。此后，关于遗传现象的研究主要有两方面：一是遗传的物质基础，由达尔文（Charles Robert Darwin，1809—1882）的泛生论发展到魏斯曼的种质论或种质连续说；二是遗传性状的传递，从研究单独的遗传性状到探索遗传的一般规律。后者以孟德尔（Gregor Johann Mendel，1822—1911）为代表，他们以实验统计的方法进行遗传规律的探索。19世纪后叶关于遗传性状传递方面的研究工作，是20世纪遗传学的重要基础。

这方面的成就主要是孟德尔的豌豆杂交实验。孟德尔的工作方法，也就是现代遗传学研究所采用的基本方法，主要有三点：（1）分别对各种性状进行单独研究，如豌豆花的颜色、茎的高矮、豌豆的形状，等等；（2）采用杂交方法，观察不同性状的出现；（3）用数量统计的方法研究性状出现的比例。孟德尔的工作科学性比较强，因此能得出比较精确的规律。

孟德尔的工作奠定了遗传学的基础。后来，摩尔根（Thomas Hunt Morgan，1818—1881）在孟德尔学说的基础上有了进一步的发展。当然，孟德尔的成功又与前人的杂交试验工作是分不开的。总的说来，遗传学的形成和发展离不开实验。

那人类是怎样认识到遗传因子的？德国科学家科尔罗伊特（J.G.Koelreuter，1733—1806）是第一个从事植物系统杂交研究的科学家，他在用烟草进行杂交试验时，成功地获得了第一个杂交种。他发现了人工杂交技术：谨慎地去掉花药，手工进行授粉，然后把花罩起来，防止其他外源花粉混杂。（后来孟德尔所采用的植物杂交技术与科尔罗伊特的相似）在植物杂交实验中，科尔罗伊特还发现了一些现象。例如，发现某些植物的子一代或是更像父本或更像母本。同时，他还发现有的植物的子一代性状介于两种亲本的性状之间，这个现象使他很费解。这一发现对于当时流行的预成论是一个打击。

因为按照预成论的观点，子代只能继承亲代已有的性状，而不会出现新的性状。

在他之后，有人注意到选用合适的实验材料的重要性。英国育种学家奈特选用豌豆做杂交实验，认识到用豌豆作为实验材料有许多的优点。豌豆有许多的品种，它们的性状区分明显，并且是严格的自花授粉物种，在子代中性状的表现也很容易区分等。

1826年，法国人萨叶里在从事葫芦科植物的杂交实验时，第一次明确地将亲本的性状分成一组组的相对性状。他明确地论述了"显性"的概念，称子一代所表现的亲本性状叫作显性性状。在进行植物杂交实验时，发现了性状的独立分配现象。

德国科学家盖尔特纳（C.F.Gartner，1772—1850）是19世纪从事植物杂交实验最多的人，他的父亲与科尔罗伊特交往密切。盖尔特纳在他父亲研究成果的基础上，完成了三卷本《植物的杂交实验与观察》。该书于1849年发表，书中详细记载了前人以及他自己所做的工作。他做过1万多项植物杂交实验，分析了9000多个实验结果。根据实验，得出用混合花粉授粉，子代中不会出现性状混合的结论。他认为能受精的只有一种花粉，每一种花粉都各自独立地起作用，因而同一胚珠里不会形成两种不同类型的胚胎。他的遗憾之处——

将 F_2 代植株同 F_1 代植株比较时，只强调了 F_2 代巨大的变异性；同时，他把所有子代作为一个有机整体来集体处理，没有分析杂交后代中出现的各种个别性状。达尔文和孟德尔都读过盖尔特纳的这部书，孟德尔重视盖尔特纳的工作，可能就是通过盖尔特纳的书了解了前人的工作。

法国科学家诺丁（C.Naudin，1815—1899），在遗传学史上享有"孟德尔先驱者"的声誉，因为他发现了发生在生殖过程中的性状分离现象。但是，他同其他科学家一样，习惯于把 F_2 代个体的各个性状，没有关注 F_2 代个体的各个性状，没有从概率的角度统计各个性状出现的频率，所以也就不能发现遗传规律。

一、孟德尔发现遗传规律

孟德尔（Gregor Johann Mendel，1822—1884）作为一个贫苦农民家庭出生的孩子，取得了超出家人期望的成就。他取得了奥古斯丁教士的头衔，而且是莫拉维亚的布隆修道院的院长。他死后 50 年内，孟德尔几乎被人们奉为现代遗传学的圣徒。遗传学的基本规律被归纳形成了孟德尔定律。

孟德尔的一生的故事既被讲述为一个神话，又被描述为一出悲剧，这是因为他的工作和思想在当时似乎都是隐形的。

孟德尔是在奥地利西里西亚的一个小村庄出生的。由于孟德尔在小学时的出色表现，教区牧师敦促他的家庭支持他继续接受教育。不幸的是，当时他的父亲受了伤，无法维持家庭农场，这使得孟德尔家的经济状况变得非常糟糕。压力、焦虑和营养不良使孟德尔身体崩溃，迫使他中止了学业，直到他的姐姐慷慨地用她的部分嫁妆资助他。由于家庭的支持仍然有限，孟德尔感激地接受了成为布隆奥古斯丁教士的机会。孟德尔加入修道院成为格里格修士后，被允许继续深造并且免于生存的压力。

布隆修道院以学习中心而闻名，许多教士在当地的高级中学或者哲学院授课。甚至在孟德尔之前，莫拉维亚就有培育绵羊和果树等实践的风气。布隆修道院的许多修士包括孟德尔的前辈纳波在自然哲学和农学领域都相当活跃。当地绵羊的育种者对怎样把他们需要的性状从亲代传至后代特别感兴趣。但是由于英国羊毛工业的冲击，绵羊育种在莫拉维亚经济上的重要性降低，使得该地区自然学家的兴趣转移到了植物杂交上。1843年，孟德尔来到了布隆，成为当地奥古斯丁修道院的修道士。这个修道院有着进行自然科学研究的传统。当时的修道院院长纳普曾担任全德农业研究会的主席，修道院还有一个小的植物园。纳普院长发现孟德尔对自然科学感兴趣，就让他到植物园做克拉谢尔修道士的助手。孟德尔从克拉谢尔那里学到了许多植物学知识和植物杂交的实际操作技术，并且开始喜欢上植物学。

1851 年，在纳普院长的推荐和资助下，孟德尔以听讲生的身份前往维也纳大学学习三年。维也纳大学是欧洲的一所名牌大学，荟萃了不少著名的科学家。他从植物学家恩格尔那里领会到了植物学和阐明遗传法则的重要性；从实验物理学家多普勒那里学会了精密物理学的思维方式；从数学家埃丁豪森那里掌握了数学统计的逻辑推理。维也纳的求学经历使得孟德尔获益匪浅。可以说，与当时其他生物学家相比，孟德尔受到的物理学和数学的训练最多，这也许正是他走向成功的起点。

1856 年，他开始在修道院的花园里选择了一块 120×20 平方英尺的园子，种植了 34 个株系的豌豆，开始了长达 8 年的豌豆杂交实验。为什么要选择豌豆？这是因为豌豆是一种自花授粉的植物，不受外来花粉的干扰，而且人工去雄比较方便，容易栽种、分离和杂交，还具有一系列稳定可遗传的外表性状。后来的事实表明，这确实是孟德尔慧眼所识而做出的最佳选择。孟德尔从搜集到的 34 个株系的豌豆品种中，挑选出 22 个纯种品系作为实验材料，并且确定了 7 对明显可辨的相对性状，如：花的颜色（红花与白花）、子叶的颜色（黄子叶与绿子叶）、熟荚的颜色（绿熟荚与黄熟荚）、茎的高矮（高茎与矮茎）、花的部位（花顶生与花腋生）、种子的形状（圆粒与皱粒）、荚的形状（荚膨大与荚缩）。

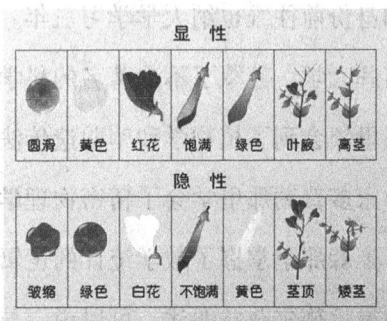

			显 性			
圆滑	黄色	红花	饱满	绿色	叶腋	高茎

			隐 性			
皱缩	绿色	白花	不饱满	黄色	茎顶	矮茎

图 3-1 孟德尔　　　图 3-2 豌豆的相对性状

孟德尔将这些具有相对性状的品种相互杂交，也就是把两个具有相对性状的植株相互作为父本或者母本进行杂交实验，结果是出乎意料的，杂交的子一代（简称 F_1），在所有的 7 个实验中，总是只出现一个亲本的性状，例如，开红花的植株与开白花的植株杂交后，F_1 开出的花全部都是红色的。高茎植株和矮茎植株杂交后代，总是表现出高茎的性状。奇妙的是，那个相对性状——白花、矮茎，就像神话中的隐身人一样，躲藏得无影无踪。它们都到哪里去了呢？孟德尔着手做了 F_1 的自交实验，有趣的是，在子二代中，两个相对性状都出现了。这说明两个相对性状的因素，在 F_1 中都是存在着的，只不过一个是显现着，一个是隐藏着，在一定条件下才显现出来。孟德尔分别把它们叫作显性性状和隐性性状。比如说，红花是显性性状，白花是隐性性状；高茎是显性性状，矮茎则是隐性性状。

孟德尔注意到，子二代中所表现的这两个相对性状，在数量上很不相同，可是，经过仔细计数后，发现很有规律。不论是哪一对相对性状，显性性状大约占到总数的四分之一，没有出现中间性状。也就是说，显性性状与隐性性状之比近似于 3 比 1。为什么显性性状与隐性性状总是成三比一的比例呢？造成这种比例的根本原因又是什么呢？孟德尔继续做了第三代实验（简称 F_3），F_3 是自交所得的种子种下后成长起来的，实验结果比前两代要复杂得多。例如，以高茎和矮茎这个相对性状两代组合来说，在 F_2 中既有高茎植株，又有矮茎植株，如果 F_2 是矮茎的，在 F_3 就全部表现出矮茎。如果 F_2 是高茎的，在 F_3 中就分离出两种性状，其中三分之一全部表现出高茎，其余三分之二表现得与 F_2 一样，分离出既有高茎，又有矮茎的两种性状，它们之间的比例，也是三比一。孟德尔又做了 F_4、F_5 的观察统计，发现了有趣的规律，凡矮茎性状的植株从来不分离，而高茎植株中，总有三分之一不再分离，其余的三分之二继续按照三比一的比例进行分离。

其他几个相对性状的实验结果都很相似，看起来这绝不是偶然的巧合。如何解释这些现象呢？孟德尔苦苦地思索着，计算着，终于有一天，他做出了这样的假设：首先，生物体表现出来的各种性状是由遗传因子控制的，这种遗传因子在体细胞中是成对的，其中一个为显性因子，另一个为隐性因子，当一个显性因子与一个隐性因子结合在一起时，表现出来的是显性性状，隐性性状则隐藏起来了。只有当两个隐性因子结合在一起时，隐性性状才会出现。数学统计表明，两个隐形因子正好碰在一起的机会，等于两个显性因子碰在一起以及一个显性因子与一个隐性因子结合在一起之机会的三分之一，这就是奇妙的三比一现象的奥秘所在。

孟德尔还假定，生物体的每一对遗传因子，各自独立，不会融合。其中一个来自父本，一个来自母本，在形成生殖细胞时，彼此分配到不同的生殖细胞中，也就是说，在生殖细胞中，遗传因子并不是以成对的形式而是以单个分离的形式出现。随着父母双方生殖细胞的结合，单个的遗传因子又恢复成了一对，这就是遗传过程的实现。应该指出的是，孟德尔当时并没有明确遗传因子与生殖细胞相对应的概念。他只是猜想，在植物的胚珠或花粉中肯定包含着某种遗传因子，它们均以独立的形式存在，绝不会在子代中相互融合。这就是遗传学上的分离定律，也叫作孟德尔第一定律。

明确了一对性状分离的规律后，孟德尔就着手研究同时具有几对相对性状的杂种后代。他设计了两个实验，第一个实验是关于种子形状和子叶颜色两个相对性状的遗传现象，第二个实验是关于种子形状、子叶颜色和种皮颜色三个相对性状的遗传现象。主要是分别考察两个或者三个相对性状是连在一起传递的，还是相互分离独立无关地遗传的。实验的结果是后者。这就意味着，遗传因子彼此之间是独立的，可以自由组合。这是一种普遍适合的遗传规律，称作自由组合定律，也叫作孟德尔定律。

1865年，孟德尔把自己8年来的工作，分两次在布隆自然科学研究年会上做了演讲。听众们很有礼貌，但没有人提问，确切地说，几乎没有人能听懂。后来，演讲稿以《植物杂交实验》为题全文发表在《布隆自然科学研究学会会报》1865年第四卷上，并被送往伦敦皇家学会和林奈学会等120多个学术机构的图书馆。孟德尔本人还专门搞了40份抽印本，分别送给当时一些著名的植物学家，如耐格里，遗憾的是，科学界要么嗤之以鼻，认为这个理论只是根据经验，而不是依靠理智，要么保持沉默，乃至这篇划时代的论文在以后的35年中一直被埋没而无人问津。孟德尔的论文如此被埋没有着多方面的原因：

其一，孟德尔在当时还是一个小人物，人们更多地知道他是一位善良的修道院神父，而不是科学家。学术界的权威们轻视、贬低孟德尔的工作，把他看成是科学界的局外人，看不起这位小人物所做的实验。

其二，当时的学术大环境对孟德尔不利。当时在科学界，达尔文的《物种起源》刚刚出版，进化论学说在思想界、学术界和社会各个阶层引起了轩然大波，不论是持赞成，还是怀疑或者反对的态度的人，都把目光紧紧地盯在生物进化问题上。孟德尔的豌豆实验，只不过是生物学中的一个微不足道的小题目。而且，孟德尔在论文中强调的遗传因子和相对性状的稳定传递，与拉马克和达尔文进化论所强调的生物广泛存在变异的思想也不相吻合。

其三，孟德尔科学思想的超前性。孟德尔提出的是颗粒性遗传的观点，而当时所流行的是融合遗传、泛生论和获得性遗传。孟德尔在植物杂交中所用的数理统计方法，他的严密的逻辑思维和推理，他在科学上的遇见性，都超越了那个时代的水平。例如，在当时还没有命名染色体，还没有搞清楚细胞的减数分裂，但孟德尔已经预见到成对的遗传因子在形成生殖细胞时要发生分离；当时还没有搞清楚受精过程的本质，但孟德尔已经认识到雌雄生殖细胞结合的随机过程。

二、孟德尔定律的重新发现

孟德尔定律被埋没了 35 年，在这 35 年中，有不少学者还在埋头进行动植物的杂交实验。其中有三个人的工作最后明确地搞清楚了支配单个性状的遗传规律。一位是荷兰阿姆斯特丹大学教授德弗里斯（deVris，1848—1935），一位是德国图宾根大学的植物学家科伦斯（Correns，1864—1933），还有一位是奥地利农林学院讲师切尔马克（Tschermark，1871—1962），他们三人被称为"孟德尔定律的重新发现者"。他们三个人在三个不同的地点，在相隔不长的时间里，重新发现了孟德尔定律。这似乎是件偶然的事情，但也是必然的事情。德弗里斯的实验材料是雪白麦瓶草的有毛变种和光滑变种，以及罂粟属植物黑花、白花罂粟，他发现这两对相对性状的 F_2 代中都出现了 3:1 比例。科伦斯的实验材料是玉米和豌豆杂种，种植了几代，相对性状在后代中也出现了孟德尔提出的 3:1 的比例。切尔马克用的实验材料是豌豆，他发现豌豆杂交后代中黄子叶与绿子叶以及光滑种皮与皱缩种皮的比例为 3:1. 他们三人的论文都刊登在《德国植物学会杂志》

第 18 卷。这时，孟德尔遗传定律才引起了学术界的重视。孟德尔定律的重新发现，标志着遗传变异研究进入到了一个新纪元，标志着遗传学的真正兴起。

三、证明基因在染色体上

当孟德尔的遗传定律被重新发现后，随之而来的问题就是遗传因子在细胞中的什么位置才能确保性状代代相传。科学家通过细胞分裂，尤其是减数分裂的观察，推测到基因与染色体有关系。但是 20 世纪初是实证主义盛行的时代，只有拿出基因在染色体上的证据，才能令人信服。科学家是怎样认识到基因在染色体上的呢？

（一）魏斯曼在遗传问题上的贡献

19 世纪下半叶，也就是孟德尔定律被埋没期间，细胞学得到了很大的突破。魏斯曼为遗传学贡献了两个重要的指导性概念，第一个是种质连续性理论，第二个是关于染色体减数分裂及其合理性的预言。在进化论得到广泛支持和传播的时代，魏斯曼对变异感兴趣是非常自然的。但是，他认识到，世代之间的遗传稳定性是显著的遗传事实，变异只能是一些特例。虽然他支持达尔文的自然选择学说，但是在遗传问题上，他没有追随达尔文。魏斯曼抓住一点：必须首先在细胞和个体的水平上来研究遗传，这使得他拒绝了达尔文的"泛生论"以及"获得性遗传"等观点。由于体细胞的分裂需要保持染色体数目的恒定。1887年，他在理论上预测：在卵细胞与精子的成熟过程中，必然有一个特别的减数分裂过程使得染色体数目减少一半。受精时，精子与卵细胞结合，使得染色体数目又恢复到原来的水平。不久，鲍维里和斯特拉斯伯格证实了魏斯曼关于减数分裂的设想。

（二）萨顿和鲍维里的假说

1900年，孟德尔定律被重新发现后，什么是基因的物质基础这个问题成了科学家关注的重点。1902年，美国哥伦比亚大学的研究生萨顿（Sutton，1877—1916）提出，在细胞的有丝分裂和减数分裂期，遗传因子的分离和组合与染色体的分离、重组极为相似：体细胞中染色体成对，而控制相对性状的一对遗传因子也是成对的；在形成生殖细胞时，同源染色体要分开，而此时控制相对性状的一对遗传因子也是分离的。因此，遗传因子可能位于染色体上面。一年以后，详细的细胞学研究证实了他的观点，从而表明孟德尔的"遗传因子"可能是染色体或者是染色体片段。1903年1月，萨顿在《遗传中的染色体》的论文中预言："父本和母本的染色体联合成对以及它们后来在减数分裂中的分离，将构成孟德尔遗传定律的物质基础。"

1904年，德国动物学家鲍维里的工作表明，凡是染色体有缺失的胚胎，发育便不正常，这就意味着每一个染色体都可能携带了决定生长和发育的遗传因子。当然，也有人对这些解释提出了质疑。虽然，在20世纪最初的几年里，对于有丝分裂和减数分裂中染色体的运动已经有了很多的了解，但是对染色体的功能一无所知。虽然哥伦比亚大学威尔逊实验室在1902—1905年明确指明了对染色体功能进行研究的方向，但是到1910年前，人们并没有在染色体运动与遗传过程之间建立明确的联系。

（三）摩尔根的工作

说来很巧，就在"遗传学之父"孟德尔发表研究成果的那一年，也就是1866年，又一位遗传学巨人摩尔根出生了。时间的巧合，足以使人浮想联翩。摩尔根和同事证明了基因位于染色体上，并且以特定的方式线性排列。摩尔根是一位兴趣广泛的动物学家，他的兴趣包括细胞学、描述性和实验性胚胎学以及进化理论，但是他在遗传染色体理论上的工作最受关注，并且因此在1933年获得了诺贝尔奖。

摩尔根出生于弗吉尼亚州的莱克星顿，就读于肯塔基州立大学，并且于1886年获得了动物学学士学位。摩尔根曾经不相信孟德尔的遗传理论，对萨顿和鲍维里提出的染色体假说持怀疑的态度。他想知道，孟德尔的遗传规律是否适用于动物？能否找到一种适宜研究的动物？同时，他对"德弗里斯式"的突变很感兴趣，也想在动物中找到能够直接通过突变就能形成新物种的事例，以此来解决达尔文在进化研究中感到苦恼的问题。他最初使用的实验材料有鼠、鸽、虱等，但是都不太成功。

图 3-3 摩尔根

后来他接受了美国遗传学家卡斯特尔（W.E.Castle，1867—1962）的建议，以果蝇为实验材料，从而取得了突破性的进展。果蝇作为实验材料的优点是：容易找到、容易饲养、繁殖率高、生活周期短，同时又比较经济，而且还具有好几十个容易识别的遗传性状。根据细胞学实验可知，果蝇的体细胞只有四对染色体，每对染色体的大小和形态各不相同。1908年，摩尔根开始在哥伦比亚的研究室培育果蝇，以便确定在动物中是否发生大规模的"德弗里斯式"的突变。摩尔根安排一个研究生在暗室里饲养果蝇，希望能产生一种果蝇，它们的眼睛因不用而退化。这位学生让果蝇在暗无天日的世界里繁殖了第68代，研究也毫无进展。在第69代时出现了眼睛暂时昏花的果蝇，学生想逗逗摩尔根，叫摩尔根快来，当摩尔根赶到实验室时，这些果蝇却恢复了视力，向窗外飞去。虽然这项研究没有取得结果，但是这种近乎理想的实验动物，被引进摩尔根在哥伦比亚大学的实验室里来了。

果蝇开始大量繁殖，摩尔根用果蝇做了一个又一个的实验。大约在1910年5月，在摩尔根实验室中诞生了一只白眼雄果蝇，而它的兄弟姐妹的眼睛都是红色的。很明显，这是一只变异个体，它注定要成为科学史上著名的动物。摩尔根精心照料这只果蝇。在自己的第三个孩子出生时，摩尔根赶到医院，他妻子的第一句话竟是："那只白眼果蝇怎么样了？"摩尔根的第三个孩子长得很好，但那只果蝇非常虚弱。摩尔根晚上把它带回家中，让它待在床边的一个瓶子里，白天又把它带回实验室。在实验室里，它临死前抖擞精神，与一只红果蝇交配，把突变基因传了下来。

摩尔根把红眼和白眼当成一对相对性状，以此来验证孟德尔的遗传规律。他用这种突变型雄果蝇与正常的（红眼）雌果蝇交配，结果产生的后代都有正常的红眼；然而，当他用一些子一代彼此交配时，他发现白眼性状就又出现了，而且奇怪的是，白眼总是出现在雄性中，很少甚至没有出现在雌性中。另一方面，如果白眼雄果蝇与子一代雌果蝇交配，后代中一半的雄性和一半的雌性是白眼。摩尔根发现，用孟德尔的理论能够解释这些眼睛颜色遗传的奇特结果，第一次确切地证明了基因在染色体上。这一事实使他从孟德尔理论的怀疑者迅速变成了这个理论的热情支持着。

在果蝇眼色遗传的一系列实验中，摩尔根进一步设想"孟德尔决定眼睛颜色的遗传因子"是与决定性别的遗传因子结合在一起的。虽然摩尔根在 1910 年并没有急于宣布控制眼睛颜色的遗传因子连锁在"副染色体"（当时认为结构不同但相互配对的两条染色体）上，但是他确认控制眼睛颜色的遗传因子与"副染色体"是一同分配进入同一配子的。既然承认了这一点，那么也就不难想到可以将某些孟德尔式的性状与副染色体上的物质相联系。摩尔根将这种白眼的性状以及其他被认为是副染色体上的遗传因子决定的性状，称为是"限性性状"（今天我们将这样的性状称为是伴性性状）。伴性遗传的发现，为孟德尔理论和染色体理论之间的联系，以及二者之间关于遗传的共同观点铺平了道路。

后来，摩尔根用灰色残翅的雄果蝇与黑色长翅的雌果蝇作为亲本，进行了一系列的实验，进一步证明了基因在染色体上。野生果蝇的翅是灰色的，有些果蝇的体色变成了黑色，有些果蝇的翅也不再是正常的大小，而变成残留的小片。这两个变化都是可以遗传的，是由基因突变形成的。灰体对黑体来说是显性，长翅对残翅来说是显性，这是两对明显的相对性状。摩尔根用灰色残翅的雄果蝇与黑色长翅的雌果蝇交配，得到的子一代全是灰色长翅。这是可以预期的结果。把子一代的雄果蝇与双隐性（黑身残翅）雌果蝇交配，按自由组合定律来考虑，产生的后代应该有4种，即灰身长翅、灰身残翅、黑身长翅及黑身残翅，其比例应为 $1:1:1:1$。但是实际结果是出现了两个与亲代完全相同的类型，即灰身残翅与黑身长翅，两者为 $1:1$ 的比例。显然，我们知道这是一个完全连锁而没有交换的例子，也就是说，体色和翅的长短两个基因是一同传递的，即灰身总与残翅在一起，黑身总与长翅在一起。

摩尔根当时是这样解释的：2对基因位于同一对染色体

上，因此它们不能分开，不能自由组合。在这个例子中，第一个亲本是灰身残翅，灰身（B）与残翅（v）是连在一起的；第二个亲本是黑身长翅，黑身（b）与长翅（V）是连在一起的；子一代是灰身长翅。由于 Bv 在一条染色体上，bV 在另一条染色体上，因而子一代只能产生 2 种配子，即 Bv 和 bV，所以在与双隐性（bbvv）交配时，只能产生灰身残翅（Bbvv）及黑身长翅（bbVv）2 种后代。但是如果用子一代的雌果蝇代替雄果蝇与双隐性（bbvv）的雄果蝇交配，情况就不同了：后代就出现了 4 种类型，但是其比例并不是 1∶1∶1∶1，而是和亲本相同的 2 种类型多，新出现的 2 种类型少，即灰身残翅和黑身长翅各占 41.5%，灰身长翅和黑身残翅只各占 8.5%。这是因为，灰身（B）与残翅（v）虽然是连在一起的，但是减数分裂的联会时，四分体之间发生了染色体片段的交换，因而染色体上的基因也发生了重组，出现了少数灰身长翅与黑身残翅的配子，受精后产生了灰身长翅及黑身残翅的新类型后代。由此可以推测，位于同一条染色体上的基因，它们所决定的性状可能会同时出现在后代中，这就是"连锁"现象。位于同一条染色体上的基因，就互称为"连锁基因"。同时出现的连锁基因会形成一个连锁群。在果蝇中有四条染色体，而测出的连锁群也恰好有四个。

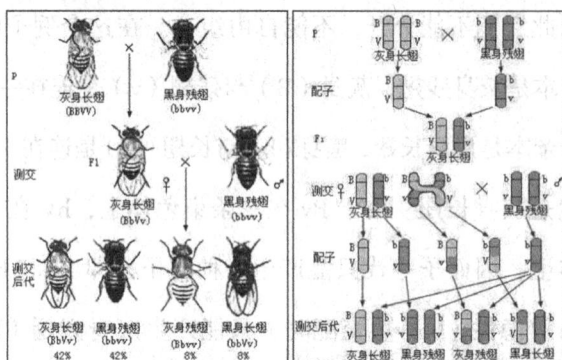

图 3-4 果蝇的连锁与交换图解

1911 年 9 月，摩尔根发现了与连锁现象相反的交换行为，生殖细胞在减数分裂时，两条同源染色体单体之间，相互交换，使得原来应该在一起出现的性状却分开出现了。他在《科学》杂志上发表了他第二篇最重要的论文《孟德尔遗传中的随机分离与交换》。在这篇论文中，摩尔根提出了以后被称为遗传学第三定律的"连锁和交换定律"：染色体上的基因交换率越高，表明两个基因的位置相距越远；基因交换率越低，表明两个基因的位置相距越近。

正是根据交换律能表示基因在染色体上的相对位置这一基本思路，摩尔根的学生斯特蒂文绘制了第一张果蝇染色体图。这张图虽然绘制得不太精细，但是这是一个开端，在接下来的几年中，他们发展出了一套绘制染色体图的详细程序。1928 年，摩尔根阐述了他的基因论："个体表现的性状起源于生殖细胞内连在一起形成若干连锁群的成对的要素（基因）；生殖细胞成熟时，每一对的两个基因依孟德尔第一定律而彼此分离，于是每个生殖细胞只含有一组基因；不同连锁群内的基因依孟德尔第二定律而自由组合；相应的连锁群内的成员（各个基因）之间有时也发生有秩序的交换；交换的频率可以提供有关每个连锁群内成员间线性排列的证据，同时也能表明成员相互之间的相对位置。"1933年，摩尔根获得了诺贝尔生理学或医学奖。其实，在这之前，摩尔根曾两度被提名为诺贝尔奖获得者。但是，诺贝尔评奖委员会以遗传学既不是生理学又不是医学为由，先后两次否决了提名。直到现代遗传学在生理学和医学上的价值被科学界所公认，摩尔根才得以以遗传学的身份登上科学的最高领奖台，这为后来的遗传学家获得此项殊荣奠定了第一块基石。

四、对生物变异的研究

1890年，德弗里斯发现在田野里生长着两个差异明显的月见草品种。这两个品种进行自花传粉后，每个品种的后代都与亲本相似。但是当德弗里斯将两个品种进行杂交时，却出现了既不同于它们的亲本，彼此又互不相同的第三种类型：从叶型、缺刻、斑点或者花色的性状分析，它们是新的品种。

德弗里斯认为，新的物种的产生是由于大规模的变异引起的，他称之为"突变"。

美国的遗传学家缪勒是摩尔根学派的成员，他一直对生物的突变现象感兴趣，缪勒是继摩尔根之后，第二位获得诺贝尔生理学或医学奖的遗传学家。缪勒出生于美国纽约市，1912年，缪勒来到哥伦比亚大学摩尔根蝇室攻读博士学位，缪勒的研究是从突变开始的。从1921年到1932年，缪勒在德克萨斯大学任教，他研究的课题是如何提高突变的频率。在自然界中，因为突变往往会对生物体带来有害的影响，自发突变的频率极为低下，以至于要把突变作为一个过程来进行定量的研究，实际上是不可能的。为了能够找到一种提高基因突变率的方法，缪勒尝试了各种方法，测定由各种外界诱惑作用引起的基因突变。当他用X射线照射果蝇时，发现果蝇X染色体上的突变频率明显增加，而且突变增加的程度取决于辐射剂量的大小。更为重要的是，他还证明了诱发突变和自然突变一样，是随机发生的。1927年，缪勒在《科学》杂志上发表了论文《基因的人工蜕变》，宣布X射线是强有力的基因突变剂。当其他的遗传学家还只能在实验的生物群落中，寻找少量自然突变体时，缪勒就能在短时间内人工产生出几百个突变体。他发现，这些突变体的绝大部分在遗传上是稳定的，并且其中大多数都是以一种典型的孟德尔突变基因的方式进行活动。一夜之间，缪勒成为了知名的学者。在缪勒之后，科学家又相继发现引起突变的其他诱变剂，如紫外线、红外线、芥子气及有关的化合物。从此，人类不必再受自然界缓慢的自发突变的制约，可以通过人工诱变创造新的物种和人为选择代替自然选择来直接干预进化的过程。

摩尔根及其学生的研究发现，除了基因的自发突变外，还有一些其他的变异来源。一种是基因重组。1911 年，摩尔根提出了"染色体遗传理论"，认为染色体联会时发生的断裂可能导致两条同源染色体之间进行部分的交换。两个基因在染色体上离得越远，它们之间发生的交换频率就越高。重组形成了新的性状组合，这种组合可能以前在该种生物中从来就没有存在过，它对生物的意义可以是积极的，也可以是消极的。另一种是染色体变异。这方面的工作主要是由摩尔根学派的成员们做的。染色体变异包括了染色体结构的改变和染色体数目的变化。染色体结构的改变有缺失（1917 年发现）、重复（1919 年发现）、易位（1923 年发现）和倒位（1926年发现）。

第四章 分子生物学的诞生和发展

自从摩尔根提出基因的染色体理论以后，基因在人们的认识中不再是抽象的"因子"，而是存在于染色体上的一个个单位。但是基因到底是什么呢？摩尔根在他的《基因论》一书的末尾说："我们仍然很难放弃这个可爱的假设：就是基因之所以稳定，是因为它代表着一个有机的化学实体。"那基因是什么，对遗传物质的确认有几多实验，又有几多争论。20世纪20年代，人们已经认识到蛋白质是由多种氨基酸连接成的生物大分子。各种氨基酸可以按照不同的方式排列，形成不同的蛋白质。这就使人们很自然地想到，氨基酸多种多样的排列顺序，可能蕴含着遗传信息。当时对于其他生物大分子的研究，还没有发现与此类似的结构特点。1921年提出的关于核酸组成的"四核苷酸"假说，这一假说严重阻碍了核酸研究达 30 年之久。因此，当时大多数科学家认为，蛋白质是生物体的遗传物质。后来，一系列实验才证实了 DNA 是主要的遗传物质。到 20 世纪 40 年代中期至 50 年代初，核酸在遗传上的功能才被确定。

一、遗传物质的发现

1869 年，米舍尔发现了一种含磷很高而含硫很低的强有机酸，这种物质对蛋白酶具有耐受性。米舍尔的老师霍佩·赛勒不久后也从酵母和其他细胞中发现了相似的物质。霍佩·赛勒提出这种新的物质"可能在细胞发育中发挥着极为重要的作用"，并且将这种新物质称为"核素"。此项工作在当时遭到了许多批评，批评者认为核素无非是一种不纯净的蛋白质，或者认为是在制备的过程中蛋白质受到化学试剂的污染。尽管米舍尔对核素的生理作用并不是完全清楚，显微镜观察方面的进展却明确地证实了细胞核在受精和遗传中的作用。染料的应用，揭示了细胞中各个组分特有的定位。

1882 年，弗莱明猜想核素是细胞核的重要组成部分，他首次运用苏木精做染色剂，并提出用"染色质"来表示细胞核中被染色剂染色的物质。之所以用"染色质"这个术语，是因为他觉得需要进一步用化学手段来证明核素与染色质之间的关系。1885 年，细胞学家赫特维希提出，核素可能负责受精和传递遗传性状。1895 年，遗传学家威尔逊推测，染色质与核素是同一种物质，可能是遗传的物质基础。威尔逊指出，由两性亲本所提供的染色体互补组是精确的等价物，因此，尽管不同的物种在生殖和发育的其他方面不同，但是两性生殖细胞在遗传中起着相等的作用。由于两性生殖细胞在所有的生殖形式中都贡献出相等的物质，遗传的物质基础又必然存在于染色质中，因为染色质似乎基本上与核素相同，所以核素必然是遗传物质。

二、格里菲斯的"肺炎双球菌的转化实验"

通过确凿的实验证据向遗传物质是蛋白质的观点提出挑战的，首先是美国科学家艾弗里（O.Avery，1877—1955）。而艾弗里（F.Griffith，1877—1941）的实验又是在英国科学家格里菲斯的实验基础上进行的。1928 年，格里菲斯以小鼠为实验材料，研究肺炎双球菌是如何使人患肺炎的。他用两种不同类型的肺炎双球菌去感染小鼠。一种细菌的菌体有多糖类的荚膜，在培养基上形成的菌落表面光滑，叫作 S 型细菌；另一种细菌的菌体没有多糖类的荚膜，在培养基上形成的菌落表面粗糙，叫作 R 型细菌。在这两种细菌中，S 型细菌可以使人患肺炎或使小鼠患败血症，因此是有毒性的；R型细菌不能够引发上述的症状，因此是无毒性的。S型肺炎双球菌，表面光滑，能够导致小鼠死亡。把活的R型肺炎双球菌同加热杀死的S型细菌一起注射到小鼠体内，结果却从这种小鼠的血液中分离出了活的S型细菌，并且这样得到的S型细菌经培养还能够得到S型细菌。这说明了活的非毒性的R型细菌竟从死的S型细菌中获得了某种物质，这种物质使得R型转化成为具有多糖荚膜的、致命的S型。但是，当时他似乎没有认识到有遗传物质的传递。

是什么物质使得R型转化为具有多糖荚膜的、致命的S型呢？在美国纽约的洛克菲勒研究所工作的艾弗里立刻敏感地抓住了这一问题，这种转化因子究竟是什么物质呢？为了弄清楚转化因子，艾弗里及其同事对S型细菌中的物质进行了提纯和鉴定。他们将提纯的DNA、蛋白质和多糖等物质分别加入到培养了R型细菌的培养基中，结果发现：只有加入DNA，R型细菌才能转化为S型细菌，并且DNA的纯度越高，转化就越有效；如果用DNA酶分解从S型活细菌中提取的DNA，就不能使得R型细菌发生转化。实验结果甚至出乎艾弗里自己的预测，于是艾弗里提出了不同于当时大多数科学家观点的结论：DNA才是使R型细菌产生稳定遗传变化的物质。20世纪40年代，细胞学研究上，采用孚尔根染色和紫外光显微镜已经能把DNA定位在染色体上。但是，那时大多数科学家仍然认为蛋白质是遗传物质。因为染色体由蛋白质和DNA组成。提纯的DNA中，总有蛋白质。所以，要使人完全相信DNA是遗传物质，还需要设计新的实验。

三、噬菌体侵染细菌的实验

艾弗里的实验引起了人们的注意，但是，由于艾弗里实验中提取出的DNA，纯度最高时也还有0.02%的蛋白质，因此，仍有人对实验结论表示怀疑。1952年，赫尔希和蔡斯（M.Chase，1927—）以T_2噬菌体为实验材料，利用放射性同位素标记的新技术，完成了另一个更具说服力的实验。T_2是一种专门寄生在大肠杆菌内的病毒，它头部和尾部的外壳都是由蛋白质构成的，头部内含有DNA。侵染大肠杆菌后，就会在自身遗传物质的作用下，利用大肠杆菌体内的物质来合成自身的组成成分，进行大量增殖。当噬菌体增殖到一定数量后，大肠杆菌裂解，释放出大量的噬菌体。

他们进行研究的关键思路和步骤是：用放射性元素^{35}S标记噬菌体蛋白质，用^{32}P标记噬菌体核酸，用离心方法将噬菌体蛋白质和核酸分开，以此来追踪蛋白质和核酸在噬菌体感染细菌过程中的表现。他们将放射性同位素 ^{35}S 加入细菌培养基中进行细菌及噬菌体的培养，由于组成噬菌体外壳的蛋白质一定含有硫的氨基酸（如胱氨酸和半胱氨酸），因此这一批培养的噬菌体的蛋白质外壳便被 ^{35}S 标记了，即在噬菌体的蛋白质外壳中可以检测到放射性同位素 ^{35}S。他们又用 ^{32}P 标记了噬菌体的 DNA（核酸含有磷酸基团）。

然后，分别用这些噬菌体去感染细菌。附在受感染细菌细胞壁外的噬菌体，可以通过搅拌破碎器来使之脱离细菌。然后用离心机分离受感染细菌与病毒，离心管的上清液含有较清的噬菌体颗粒，离心管的沉淀中则是被感染过的细菌，赫尔希和蔡斯发现，经 ^{35}S 标记的一组实验，仅在上清液中检测到放射性同位素 ^{35}S；经 ^{32}P 标记的一组实验，在上清液中放射性很低，而在离心管的沉淀中，放射性很高。然后，进一步的实验发现，从细菌裂解释放出的新复制的噬菌体中，检测到了 ^{32}P 标记的 DNA。然而，在 ^{35}S 标记的那一组实验中，新形成的噬菌体中没有检测到 ^{35}S 标记的蛋白质。实验表明：噬菌体侵染细菌时，DNA 进入到细菌的细胞中，而蛋白质外壳仍然留在外面。因此，子代噬菌体的各种性状，是通过亲代的 DNA 遗传的。DNA 才是真正的遗传物质。

从 1928 年格里菲斯的肺炎双球菌的转化实验，再到 1952

年赫尔希和蔡斯的噬菌体侵染实验，前后历经24年，人们才确信DNA是遗传物质。

四、结构学派卡文迪许实验室的工作

从19世纪末到20世纪30年代，生物化学家已经发现，在植物和动物细胞中普遍存在核酸，并且美国生物化学家莱文（Levene，1869—1940）证明了核酸是由四种不同的核苷酸聚合而成的大分子，每种核苷酸又由碱基、戊糖和磷酸组成。然而，莱文也犯下了一个致命的错误，由于受到定量分析精确度的限制，他在测定各种不同来源的核酸中，得到的四种碱基的物质的量是相等的。由此，莱文提出了"四核苷酸假说"，即DNA是由各含A、G、C、T四种碱基的四个核苷酸先连成"四核苷酸"，然后再组成DNA大分子。这就好比一串字母的排列，仅仅表现为AGCTAGCTAGCT……这种重复而简单的次序，显然，让人很难想象DNA还能蕴藏各种各样的遗传信息。1950年，美国生物化学家查格夫（Chargaff，1905—2002）博士通过纸层析、紫外分光光度测量和离子交换层析等技术，分析各种来源的DNA分子，结果发现了"查格夫法则"。当时的英国，有一个用X射线衍射方法研究生物大分子立体结构的结构学派。结构学派的根据地在剑桥大学著名的卡文迪许实验室。

1937年，英国物理学家布格拉爵士接替刚刚去世的卢瑟福，担任实验室的教授。在布格拉的领导下，卡文迪许实验室聚集了一批年轻有为的著名科学家，如贝尔纳（Bernai）、佩鲁斯（Perutz，1914—2002）、肯德路（Kendrew，1917—1997）等。

五、DNA 双螺旋结构模型的构建

1949年，布拉格的卡文迪许实验室来了一位剑桥大学青年博士克里克（Crick，1916—2004），他的高声谈笑和粗心大意，让喜欢安静的布拉格屡屡不快。当然，克里克也并非一无是处，他曾经指出了布拉格小组的几个致命的错误，并且提供了更加合理的方法。不过，克里克并没有找到知音，他似乎在期待着另一个人的到来，这个人就是沃森（Watson，1928—）。

沃森最初选择了加州理工学院，因为那里的生物系有着一流的遗传学家。然而，他的申请却被拒绝了。后来，印第安纳大学接纳了他。印第安纳大学有著名的遗传学家缪斯、卢里亚等人，开始，沃森很自然地认为他应该在缪斯的手下工作，但是不久沃森就意识到果蝇的黄金时代已经过去，善于捕捉机遇的沃森转而拜师鲁里亚，专攻噬菌体遗传学。

1950 年拿到博士学位后，他来到丹麦哥本哈根大学卡尔可（Kalckar）实验室进行生物化学的博士后研究。但是他总觉得这些研究无助于揭开基因的奥秘。1951 年，沃森有机会参加一次生物大分子的结构会议。在这次会议上，英国伦敦皇家学院的威尔金斯（Wilkins，1916—2004）的发言引起了沃森的极大的兴趣。当威尔金斯在屏幕上放映出 DNA 的 X 射线衍射图时，沃森一下子恍然大悟，DNA 是可以结晶的，所以他肯定具有一种能够用简单方法测定的结构，而测定基因结构的最好方法，也许就是 X—射线衍射法。

经过鲁里亚的推荐，沃森如愿以偿地来到了卡文迪许实验室。在这里，他遇到了同样对 DNA 结构着迷的克里克。物理学家出身的克里克对衍射图谱的分析十分熟悉，能够帮助沃森理解晶体学的原理，而沃森可以帮助克里克理解生物学的内容。当时，科学界对 DNA 的认识是：DNA 分子是以 4 种脱氧核苷酸为单位连接而成的长链，这 4 种脱氧核苷酸分别含有 A、T、C、G 四种碱基。沃森和克里克以威尔金斯和其同事富兰克林（R.E.Franklin，1920—1958）提供的 DNA 衍射图谱有关数据为基础，推算出 DNA 分子呈螺旋结构。

沃森和克里克尝试了很多种不同的双螺旋和三螺旋结构模型，在这些模型中，碱基位于螺旋的外部。但是，这些模型很快就被否定了。在失败面前，沃森和克里克没有气馁，他们又重新构建了一个将磷酸—脱氧核糖骨架安排在螺旋外部，碱基安排在螺旋内部的双链螺旋。在这个模型中是相同碱基进行配对的，即 A 与 A、T 与 T 配对。但是，有化学家指出这种配对方式违反了化学规律。于是，这个模型又被抛弃了。

1952 年春天，奥地利的著名生物化学家查哥夫（E.Chargaff，1905—2002）访问了剑桥大学，沃森和克里克从他那里得到了一个重要的信息：腺嘌呤（A）的量总是等于胸腺嘧啶（T）的量；鸟嘌呤（G）的量总是等于胞嘧啶（C）的量。于是，沃森和克里克又兴奋起来，他们改变了碱基配对的方式，让 A 与 T 配对，G 与 C 配对，构建出新的 DNA 模型。结果发现，碱基对与碱基对具有相同的形状和直径，这样组成的 DNA 分子具有稳定的直径，能解释 A、T、G、C 的数量关系，同时也能解释 DNA 的复制。当他们把这个用金属材料制作的模型与拍摄的 X 射线衍射照片比较时，发现两者完全相符。

1953 年，沃森和克里克撰写的《核酸的分子结构——脱氧核糖核酸的一个结构模型》论文在英国《自然》杂志上刊载，引起了极大的轰动。这个模型出色地说明了遗传物质在遗传、生物化学和结构方面的主要特征。在生物化学和结构层次上，解释了双螺旋特有的 X 射线数据：DNA 分子具有固定的直径，碱基的堆积具有规律性，以及嘌呤碱基和嘧啶碱基的比例是 1:1 等。在生物学的角度上，它解释了自身催化或 DNA 分子的复制，可以通过每条链作为其配对物的模板来进行，也就是说，当两条链分开时，每条链都形成它的互补链，结果，原来的一个 DNA 分子成为两个完整的 DNA 分子。所以，DNA 是遗传信息的载体，亲代 DNA 必须以自身分子为模板准确复制成两个拷贝，并分配到两个子细胞中去，完成其遗传信息载体的使命。DNA 的双链结构对于维持遗传物质的稳定性和复制的准确性都是极为重要的。对它的结构的阐明，使得长期以来神秘的基因成为了真实的分子实体，这是分子遗传学诞生的标志。1962 年，沃森、克里克和威尔金斯三人因这一研究成果而共同获得了诺贝尔生理学或医学奖。

图 4-1　沃森和克里克在实验室工作

六、分子生物学的中心法则

如果说 DNA 双螺旋结构的阐明是分子生物学的一座里程碑，那么它还只是一个开端，分子生物学在日后得到了蓬勃发展。就在沃森和克里克"提出 DNA 双螺旋模型的第二年，俄裔美国物理学家伽莫夫（Gamow，1904—1968），在《自然》杂志上发表了一篇题为《脱氧核糖核酸与蛋白质之间的关系》的论文。在文章中，他大胆地断定，DNA 结构本身即是蛋白质合成的模板。其实，在得出 DNA 双螺旋结构之前，沃森已经预见到 DNA 可以把信息通过 RNA 传递给蛋白质。据沃森所著《双螺旋》一书中透露，他曾经写了一个公式"DNA→RNA→蛋白质"，并用胶布把它贴在墙上，这实际上就是中心法则的雏形。

1958 年，克里克发表了一篇《论蛋白质合成》的文章，他断言 DNA 不可能直接编码蛋白质，因为 DNA 位于细胞核中，而蛋白质的合成却是发生在细胞质中。克里克推测，蛋白质合成的第一步，一定是 DNA 先指导合成一段 RNA，然后 RNA 游离到细胞质中，再去指导合成蛋白质。这里的 RNA 就起到了信使的作用。克里克把遗传信息在细胞内生物大分子之间的这种转移称为"中心法则"。之后，沃森和克里克与其他学者各显身手，探索了储存在 DNA 中的遗传信息是如何转录到 RNA 中的，最后又被翻译成蛋白质的机理。20 世纪 60 年代初，随着科学家对蛋白质合成过程的揭示，此中心法则在当时获得了公认。

$$DNA \rightarrow RNA \rightarrow 蛋白质$$

$$\downarrow 复制$$

$$DNA$$

图 4-2　克里克提出的中心法则图解

最初的研究认为，上述中心法则是唯一的方向。但是，后来对 RNA 病毒的研究表明，这并不是唯一的方向，一些 RNA 病毒的遗传信息可以按照另外的、甚至是相反的方向流动。1965 年，科学家在 RNA 肿瘤病毒里发现了一种 RNA 复制酶。RNA 复制酶能够对 RNA 进行复制。一些植物 RNA 病毒，如烟草花叶病毒 TMV，动物 RNA 病毒，如流感病毒、脊髓灰质炎病毒，以及 RNA 噬菌体等，在侵入细胞后，可以产生 RNA 复制酶，然后以自己为模板，复制出互补的 RNA，再由这些 RNA 复制出和原来的一样的 RNA。因此中心法则又有了补充。

$$DNA \rightarrow RNA \rightarrow 蛋白质$$

$$\downarrow 复制　\downarrow$$

$$DNA　RNA$$

图 4-3　RNA 复制酶发现后的中心法则图解

1970年，3位生物学家狄明（H.Temin，1934—1994）、水谷哲（S.Mizufani）和巴尔的摩（D.Baltimore，1938—），发现了与原来的中心法则不同的情况，即遗传信息由RNA转录给DNA（称为反转录或者逆转录），这是在小鼠的白血病和家禽肉瘤病毒这两种RNA致癌病毒中发现的。进一步研究发现，在病毒中存在一种酶，即反转录酶。有了这种酶，RNA就可作为模板合成DNA。致癌RNA病毒就依靠这种酶形成单链DNA，然后以此单链DNA再复制为双链DNA，而形成的DNA还可以再以转录的方式产生病毒RNA。这些DNA在寄主细胞中还可以被整合到染色体的DNA中，结果细胞合成自身的蛋白质的同时，还合成病毒特异的某些蛋白质，这就造成了细胞的恶性转化。中心法则再一次得到了补充。

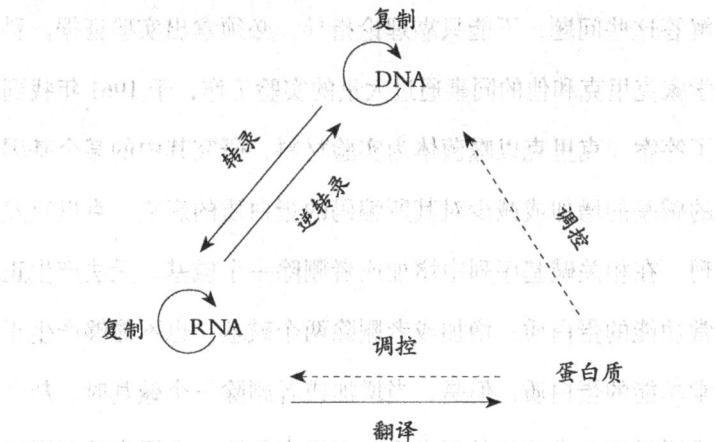

图 4-4　反转录酶发现后的中心法则图解

反转录酶的发现使人们在试管中制造特定的 DNA 成为可能，人们可以人工合成 mRNA，然后通过反转录来合成 DNA，这就为基因工程开辟了一条新途径。

七、遗传密码的破译

遗传密码的破译是生物学上一座伟大的里程碑。自 1953 年 DNA 双螺旋结构模型提出以后，科学家就围绕遗传密码的破译展开了全方位的探索。在伽莫夫（G.Gamov.1904—1968）提出 3 个碱基编码、1 个氨基酸的设想之后，科学家通过不断推测与实验，最终找到了答案。

遗传密码真的是以 3 个碱基为一组吗？遗传密码的阅读方式究竟是重叠的还是非重叠的？密码之间是否有分隔符？解答这些问题，不能只靠理论指导，必须拿出实验证据。科学家克里克和他的同事通过大量的实验工作，于 1961 年找到了答案。克里克以噬菌体为实验材料，研究其中的某个基因的碱基的增加或减少对其所编码的蛋白质的影响。克里克发现，在相关碱基序列中增加或者删除一个碱基，无法产生正常功能的蛋白质；增加或者删除两个碱基，也不能够产生正常功能的蛋白质；但是，当增加或者删除三个碱基时，却合成了具有正常功能的蛋白质。克里克是第一个用实验证明遗传密码有 3 个碱基编码、1 个氨基酸的科学家。这个实验同时表明：遗传密码从一个固定的起点开始，以非重叠的方式阅读，编码之间没有分隔符。

克里克的实验虽然阐明了遗传密码的总体特征，但是无法说明由 3 个碱基排列成的 1 个密码对应的究竟是哪一个氨基酸。就在克里克的实验完成的同一年，两个名不见经传的年轻人尼伦伯格（M.W.Nirenberg，1927—）和马太（Matthaei，1930—）破译了第一个遗传密码。与克里克的思路完全不同，尼伦伯格和马太采用了蛋白质的体外合成技术。他们在每个试管中分别加入一种氨基酸，再加入除去了 DNA 和 mRNA 的细胞提取液，以及人工合成的 RNA 多聚尿嘧啶核苷酸，结果加入了苯丙氨酸的试管中出现了多聚苯丙氨酸的肽链。实验结果说明，多聚尿嘧啶核苷酸导致了多聚苯丙氨酸的合成，而多聚尿嘧啶核苷酸的碱基序列是由许多个尿嘧啶组成的（UUUUU……），可见尿嘧啶的碱基序列编码由苯丙氨酸组成的肽链组成，与苯丙氨酸对应的密码子应该是 UUU。

在破译遗传密码的过程中，有一位出生于印度的参赛者科拉纳（K.horana，1922—）表现非凡。他先是合成出各种二、三或四核苷酸，然后再把这同一种"寡核苷酸"聚合成周期性较长的多核苷酸。例如，他先合成出一个由二核苷酸

UG 组成的寡核苷酸链，然后把这些寡核苷酸聚合成多核苷酸 UGUGUGUGUG……再以它作为人工信使 RNA 进行蛋白质合成。结果发现 UGU 是半胱氨酸的密码子，GUG 则是缬氨酸的密码子。在此后的六七年里，科学家沿着蛋白质体外合成的思路，不断地改进实验方法，破译出了全部的密码子，并编制出了密码子表。人们发现在六十四个密码子中，有三个密码子（UAA、UAG、UGA）不代表任何氨基酸的密码，他们被称为"终止密码子"，意思是蛋白质多肽链合成到这三个密码子中的任何一个就会停止合成，相当于"句号"。当突变作用产生了这样一个密码子时，蛋白质的合成就会过早地终止。还有一个比较特殊的密码子 AUG。它既是甲硫氨酸唯一的密码子，也是一个"起始密码子"，意思是蛋白质多肽链都是从这一密码子开始合成的。基于尼伦伯格和科拉纳在解释遗传密码方面做出的杰出贡献，1968 年他们共同获得了诺贝尔生理学或医学奖。

八、基因工程

在基因工程的发展道路上，有很多的科学家都做出了贡献，下面是一些具有里程碑意义的工作。

1952 年，莱德伯格（J.Lederberg，1925—）等发现了噬

菌体的转导作用，即噬菌体粒子能把一小段细菌染色体从一个细菌传递给另一个细菌的一种遗传机制。

1967 年罗思（T.F.Roth）和海林斯基（D.R.Helinski）发现了细菌染色体 DNA 之外的质粒具有自我复制能力，并且可以在细菌细胞间转移，这一发现为基因转移找到了一种运载工具。

1970 年，阿尔伯（W.Arbe，1929—）、内森斯、史密斯和韦尔考克斯发现了第一个限制性内切酶后，紧接着相继发现了多种限制酶和连接酶，以及逆转录酶。这些发现为 DNA 的切割、连接以及功能基因的获得创造了条件。

1972 年，伯格在体外成功构建了第一个重组 DNA 分子。从伯格的研究工作中，可以看到一个科学家应有的负责任的科学态度。

1973 年，博耶（H.boyer）和科恩（S.Cohen）将重组的 DNA 转入大肠杆菌 DNA 中，转录出相应的 mRNA，这个实验证明了质粒可以作为基因工程的载体，重组 DNA 可以进入受体细胞，外源基因可以在原核细胞中成功表达，从而可实现物种之间的基因交流。此项工作表明基因工程正式问世。

1977 年，桑格发明了为 DNA 序列进行排序的新方法，为基因序列图的绘制提供了可能。他因此项工作的重大意义而第二次荣获诺贝尔化学奖。之后，DNA合成仪的问世又为引物、DNA探针和小分子量的DNA片段的制备提供了方便。

1983年，穆丽斯（K.Mullis，1944— ）发明的聚合酶链式反应技术，使得基因工程技术得到了进一步发展和完善。PCR的发明是DNA操作技术的一次革命。据说穆丽斯教授是一个兴趣广泛，爱好户外活动，性格特殊的人。有一天，在回家的路上，他驾驶着汽车行驶在一条逶迤的山路上。当汽车开始驶入山脚下平坦笔直的公路时，他突发联想：已经经过的山路好像是折叠缠绕的DNA双螺旋，受热变性而解开的两条单链就是山脚下平坦笔直的双向车道，它们可以是DNA合成的模板；如果正在行驶的小汽车代表了一小段DNA引物，加入了DNA聚合酶和4种脱氧核苷酸。正是由于当时他开汽车时的联想，使得他以后发明了PCR技术。因为这一项重大创新成果，穆丽斯教授于1993年获得了诺贝尔化学奖。

（一）基因工程的基本方法

基因工程包括以下步骤：获得需要的外源目的基因；重组DNA分子，并且克隆和筛选重组DNA分子；用重组DNA分子转化受体细胞，使之能够在受体细胞中复制和遗传，然后对转化子（获得外源目的基因的受体细胞或者生物个体）进行筛选和鉴定；对获得外源目的基因的细胞或者生物个体进行发酵、细胞培养、养殖或者栽培等，最终获得所需要的遗传性状或者表达产物。

（二）关于人类基因组的研究

1.人类基因组计划的提出

人类基因组计划（Human Genome Project，简称 HGP）是由美国科学家、诺贝尔奖获得者杜尔贝科（Renato Dulbercco，1914—）于 1984 年率先提出的，旨在阐明人类基因组 30 亿个碱基对的序列，发现所有人类基因并且搞清楚其在染色体上的位置。破译人类全部遗传信息，使人类第一次在分子水平上全面地认识自我。

1990 年，人类基因组组织和美国国立卫生研究院向美国国会提交的"人类基因组计划联合项目"第一个五年计划，标志着被称为"生命科学阿波罗计划"的人类基因组计划的 15a 进程的开始。其总体规划是：拟在 15a 内至少投资 30 亿美元，进行对人类基因组的分析。人类基因组计划的完成，将使我们清楚地了解一个人为什么会成为色盲，为什么会发胖、秃顶，为什么易患这种疾病而不是另外的疾病，等等。正因为如此，它是一项改变世界、影响到我们每一个人的科学计划。目前，有美国、德国、日本、英国、法国和中国 6 个国家的科学家正式加入了这一计划，有 16 个实验室及 1100

名生物学家、计算机专家和技术人员参与。基因组计划的主要任务包括：

用 15a 的时间确定人体 30 亿个碱基对的排列顺序，寻找出人类的所有基因；建立相应的数据库进行数据分析，并且分析此计划可能带来的人种、伦理及社会问题。对一些模式生物的遗传组成进行研究，包括大肠杆菌、果蝇和小白鼠等，为分析分类基因组奠定了基础。

2. 人类基因组计划研究进展

在有关各国政府的巨资投入和大力支持中，在全世界科学家的大合作和大竞赛的形势下，人类基因组计划如离弦之箭，飞速地奔往目标——整个计划完成的时间提前到了 2003 年，比原计划提前了两年。2000 年 6 月 26 日，科学家们公布了人类基因组工作草图。2003 年 4 月 14 日，人类基因组计划最终完成。10a 前，科学家还普遍认为人类大约有 10 万个基因。而当科学家于 2000 年绘制出人类基因组草图时，他们估计人类基因数量在 2.7 万到 4 万之间。2004 年 10 月 21 日出版的英国《自然》杂志上，研究人员公布了最新的人类基因组的图谱。此次更为精确的计算表明，人类基因数量实际上在 2 万到 2.5 万之间，明显少于此前的估计。报告中说，他们最新的图谱绘出了人类基因组上 99% 的带有基因的部位，识别基因组的一些区域中隐藏着很多基因片段的复本，此前的估算曾将这些复本计算在内。他们初步发现，人类基因组中有 1183 个基因是人类在此前 1 亿年到 6000 万年之间通过复制或者进化得到的，不应该重复计算到基因的数量中。

对于中国来说，HGP 既是挑战，又是机遇。1999 年 9 月，中国获准加入人类基因组计划，2000 年 4 月，中国科学家完成了 1% 人类基因组的工作框架图。我国国家人类基因组北方研究中心杨焕明教授说："不要小看这 1%，它代表着中国科学家在未来的基因工程产业中占有一席之地。在这个划时代的里程碑上，已经刻上了中国人的名字，通过参与这一计划，我们可以分享数据、资源、技术与发言权，最终来开发我国自己的基因资源。"

随着人类基因组计划目标的完成，以揭示基因组功能及调控机制为目标的功能基因组学，以及医学基因组学也已提上了议事日程。基因组研究长路漫漫，人类基因组计划完成后，人类将逐步迈入后基因组时代。

第五章　微生物学与传染病的防治历史

　　微生物学的发展同显微镜的发展是休戚相关的，然而，显微镜与现代微生物学理论框架之间的关系却不是非常清晰的。17 世纪的微生学家预见了一个肉眼看不见的微观的世界，其中生存着原生动物、霉菌、酵母菌和细菌。在 19 世纪，科学家们对微生物的研究既包括类似于生命起源和进化等抽象的问题，也包含类似于发酵和腐败的实际问题。19 世纪 30 年代，施旺和拉图尔（Charles Cagiard Latour，1777—1859），开始关注酵母菌和酒精发酵过程的联系，他们认为可能是酵母菌导致了发酵过程。尽管施旺的论证极其清晰，他的实验和观察也富于独创性，但是李比希（justusvon Liebig，1803—1873）却不支持细胞发酵的概念。不过，法国的化学家巴斯德最后却提出了令人信服的证据，证明了发酵的生物学性质，反击了李比希的观点。

一、巴斯德的重大贡献

（一）对发酵的研究

巴斯德是从发酵研究开始而逐渐奠定微生物学基础的。地处法国北部的里尔地区酿酒业发达，但是长期以来，当地的酿酒商一直在为放置时间久了的葡萄酒和啤酒会变酸而烦恼。1854 年，里尔的几位酿酒商向巴斯德求教，是否有一种化学药品可以防止这种变酸过程。这实际上是酿酒业中的酒精发酵问题。巴斯德从工厂取来发酵液样品，放在显微镜下面观察。他发现，当发酵正常时，未变酸的酒里有一种圆球状的酵母菌，当发酵时间延长时，酵母菌变成杆状的，酒也变酸了。这表明，在酒里存在着两种不同的酵母菌，圆球状酵母菌产生酒精；杆状酵母菌（乳酸杆菌）产生乳酸（使得酒发酸）。发酵和变酸实际都是酵母菌在起作用。

巴斯德认为，酒酿好了后，只要把酒中的杆状酵母菌清除，就能够防止酒变酸。经过多次实验，巴斯德发现，慢慢将酒加热到 55℃，酒中的乳酸杆菌就可以被杀死，然后，密封起来，酒就不会变酸了。这么简单的方法简直是让人难以置信，有许多的酿酒商就觉得这种想法简直是太不可思议了。巴斯德亲自向大家做了示范：给一些酒加热密封，另一些则不加热，过了几个月，加热过的酒醇香扑鼻，那些没有加热的酒变酸了。法国酿酒商很快就都采用了以巴斯德命名的温热杀菌法。

在研究酿酒发酵的实验中，巴斯德还发现，发酵不需要氧气，但是需要活的酵母。所以，他推断，发酵过程是一种生物学过程，而不是一种化学过程。巴斯德的这种观点显然同当时最有名望的化学家李比希和维勒所阐述的概念完全相反。在此基础上，巴斯德发明了著名的巴氏灭菌法。他认识到酒类变质是由微生物引起的，如果把瓶装的酒加热到60—65℃，30分钟就可以杀死这些有害的微生物。后来，他的灭菌法又被推广到处理牛奶和其他的食品上。巴氏灭菌法保护了酿酒业的繁荣，巴斯德声名鹊起。

（二）鹅颈瓶实验证明"生源说"

生物从何而来，一直有两种不同的看法。一种看法认为生物是从无生命的物质自然发生的；另一种看法是生物来自生物的种子或者胚。这两种观点争论已久，前者叫自然发生说，后者叫生源说。为了证明空气中存在微生物，巴斯德设计了一个著名的鹅颈瓶实验：他把一个烧瓶放在火焰上拉出一个弯曲的长颈，分别将牛奶、肉汤、血液和尿液等有机液放进去加热消毒。以后，虽然外界的空气可以自由进入烧瓶内，但是由于瓶颈是弯曲的，拦住了带菌的灰尘颗粒。因此，烧瓶内的各种有机液不会受到微生物的侵染。但是，如果把曲颈瓶倾斜一下，让有机液流过弯曲部，或者，把曲颈瓶打破，那么有机液很快就会变质。巴斯德通过鹅颈瓶实验有力地驳斥了自然发生说，以雄辩的事实证明了"生源说"是正确的。

图 5-1 巴斯德

图 5-2 鹅颈瓶实验

（三）对炭疽的研究

在当时的法国，炭疽严重危害法国牛和羊的生存。这种病一发作，病羊就耷拉着脑袋，步履蹒跚地落在羊群的后面，浑身颤抖、气喘，直到瘫痪。巴斯德通过实验发现，患过炭疽而不死的动物对以后的感染有免疫能力。1881年5月5日，巴斯德做了一个著名的表演实验：他让50只羊和10头母牛感染恶性炭疽，其中一半预先注射过弱毒病原菌，结果，没有注射过的相继死亡，而预先注射过的表现健康。实验由梅隆农业学校主持，许多感兴趣的人，如医生、兽医、药剂师和农民等数千人前往观看。这一实验引起了极大的轰动。

（四）对鸡霍乱的研究

鸡霍乱具有强烈的感染性和死亡的快速性，鸡得了这种病，就像打瞌睡一样摇晃着身子或站立不动，第二天就会倒地死亡。1879年，巴斯德分离出了鸡霍乱的病原菌。巴斯德给健康的鸡注射病原菌的纯培养物，结果，出人意料的是，鸡没有生病或者是死亡。检查每一个步骤，巴斯德发现在实验中他偶然使用了生长数周的老培养物，而不是为实验准备的新培养物。几周后，他用两组鸡重新做这个实验，两组都注射新鲜的病原菌培养物。结果，第一组鸡发病并且死亡，第二组鸡仍然健康活泼。这使得巴斯德感到意外，不过他很快地找到了答案：第二组鸡是在前一次实验的时候用过的鸡。这说明了在某些情况下，经过长久放置的细菌会失去致病能力；但是这些细菌仍然保留着刺激宿主产生抗体的能力。这个实验的意外结果，使得巴斯德揭示了 1976 年詹纳成功地运用牛痘病毒使人对天花产生免疫的原理。巴斯德的这个实验和对实验的解释，被认为是现代免疫学的开端。

（五）对狂犬病的研究

狂犬病是一种人兽共患病。人是被患此病的狗或者猫等咬伤而引起的，在以前患者几乎是必死无疑。1884 年，巴斯德描述了他对狂犬病作用机理的研究，以及对狗进行预防性接种的方法。1885 年，他宣布已经可以阻止被患狂犬病的狗咬伤的人发病了。1885 年 7 月 6 日，一个 9 岁的男孩两天前被患狂犬病的狗咬伤，来请求巴斯德治疗。他给这个孩子注射了弱毒脊髓疫苗，用量逐渐增加。4 周后，孩子恢复了健康。这一成绩引起了极大的轰动。

1888 年，法国成立了巴斯德研究所，以表彰巴斯德的杰出贡献。到 1935 年为止，共有 5105 人在巴斯德研究所进行了疫苗接种，使得欧洲人的平均寿命从 40 岁提高到了 70 岁。

二、科赫的贡献

德国的科赫（Coagh，1843—1910）和巴斯德一样，也在证明细菌（病原菌）引起传染病方面起到了十分重要的作用。在许多人眼里，科赫是一位伟大的细菌学家，甚至是"细菌学之父"。他应用新鲜的炭疽杆菌材料，在小白鼠身上进行了20代的病原体培育，结果表明，经过20代的转移培养后得到的纯炭疽杆菌培养物，如同直接从病羊身上取得的血液那样，能够迅速杀死一只小白鼠，同时，也说明炭疽病的致病因子是炭疽杆菌本身，而不是被感染动物血液中的某些毒素。炭疽杆菌的发现为科赫带来了荣誉，使得他成为与巴斯德齐名的微生物学大师。1881年，在国际大会上科赫受到了以巴斯德为代表的同行的高度赞赏。会后，巴斯德选择了狂犬病进行研究，科赫则选择了更为普遍的实际上无处不有的结核病作为自己的主攻方向。

结核病是一种危害人类健康历史久远的慢性的传染病，它也是历史上患病率和死亡率最高的疾病之一。结核病是由结核杆菌引起的全身性的传染疾病，但是结核杆菌很难观察到。科赫发明了一种染色法，他把可能带病菌的物质放在蓝色染料里面几个小时，再制成装片观察。结果，他在显微镜下看到了一堆堆的非常小，又非常细的被染成蓝色的杆菌。经过证实后得知，这些就是引起结核病的元凶。1884 年，科赫第一次明确地提出了鉴定某种特有的微生物是引起某种特定的疾病时所需要的"科赫准则"：第一，这种微生物必须恒定地同某种疾病有着因果的关系；第二，要把这种微生物从有病动物中完全分离出来；第三，要把这种能在纯培养基中生长的致病微生物放入健康动物体内进行实验，能够出现这种疾病的所有症状。

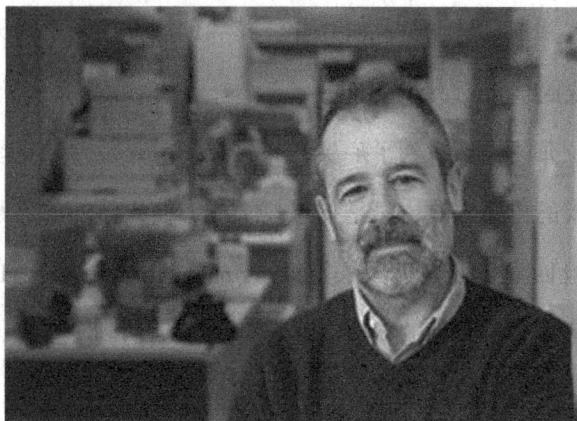

图 5-3 科赫

三、传染病的防治历史

（一）与原生动物有关的传染病及防治

原生动物都是单细胞生物，有些原生动物生命周期的某些阶段会寄生于人体。和原生动物有关的传染病有疟疾、昏睡病等。19世纪，由于巴斯德、科赫等人的卓越的成就，"传染病由细菌引起"这一观点已经成为当时科学界的一种常识。但是正是这种认识，使一位杰出科学家的成果几乎淹没在灰尘之中。这位科学家就是法国人拉弗朗（Charles Louis Alponse Laveran，1845—1922）。拉弗朗通过对疟疾病原体的仔细研究，提出了一个重要的假说——"疟疾是通过一种原生动物——疟原虫传播的"。拉弗朗的研究表明，传染病的病原体并不只是细菌。1907年，拉弗朗因此荣获了诺贝尔生理学或医学奖。

拉弗朗虽然找到了疟疾的病原虫，但是他并没有能够发现疟疾的传播方式，只是猜想蚊子能够使人体外的疟原虫存活并且四处传播。英国人罗斯（Ronald Ross，1857—1932）最后证实了拉弗朗的猜想。1894年，罗斯遇到了曼森，曼森曾经在中国当医生，一直认为蚊子是传播疟疾的媒介，但是始终没有获得任何的证据。1895年，罗斯再次来到了印度，全心全意地研究分析蚊子和疟疾之间的关系。1897年，罗斯第一次证实在人体内发现的疟原虫也能在某些蚊子的消化道中发现。1898年夏，罗斯用带有疟原虫的蚊子叮咬健康的鸟，结果这些鸟果然患上了疟疾。这个发现使得罗斯一举成名，因此他在1902年获得了诺贝尔生理学或医学奖。

而意大利的科学家拉格西（G.B.Grassi）发现，只有少数蚊子才会传播疟疾，这种传播者就是按蚊。当按蚊叮咬患有疟疾的病人时，寄生于人体血液细胞中的疟原虫就随血液进入到按蚊体内。经过一段时间后，疟原虫最终寄生于按蚊的唾液腺中。当按蚊叮咬另一个人时，疟原虫就由唾液腺进入到人体并且使人感染疟疾。奥地利的医生瓦格纳·尧雷格（Julius Wagner Janregg）是第一个利用奎宁成功治疗疟疾的人。其实很早以前，人们就知道，从南美洲的一种树上剥下的树皮可以控制疟疾的发作（其中的有效成分就是奎宁，也叫作金鸡纳霜）。

（二）与病毒有关的传染病

最早被判定的病毒，是由洛夫勒和弗洛施发现的著名的口蹄疫病毒。他们从发病牲畜的皮肤黏膜的水疱液里分离到这种病毒，虽然用显微镜看不到它的真面目，但是将其滤过液注射给正常的牲畜时，就会导致牲畜患同样的病。同时，俄国化学家伊凡诺夫斯基用同样的方法，发现了烟草花叶病毒。从20世纪初直至第一次世界大战期间，过滤法一直是分离病毒的重要的方法。凡是有生命的地方就会有病毒，就有可能给人类造成感染。对于植物和动物，也有相应的由病毒引起的疾病。一般的说，植物病毒是不能够感染人的。而有些病毒既能够感染动物，也能够感染人，如狂犬病病毒、疯牛病病毒、禽流感病毒等。由病毒导致的传染病常见的如下：

1. 天花

天花是由天花病毒引发的以高烧和皮肤出现脓包为特征的一种烈性的传染病。在刚刚过去的 20 世纪，死于天花的人数是死于战争的人数的三倍。天花病毒被认为是最具杀伤力的超级"武器"。天花病毒的感染仅仅限于人类。天花病毒主要靠空气中的飞沫散播，传播的速度极快。在感染天花病毒后的潜伏期，感染者一般不会感觉到不适。潜伏期一过，就会突然发烧、乏力和头痛，这种初始的症状与感冒类似，随后，患者就会出现大面积的皮疹。大多数感染天花的幸存者都会失明。1966 年，世界卫生组织投票表决，通过了一项 10a 内在全球范围内彻底消灭天花的行动决议。到 1970 年，天花已经在 20 个西方国家和中部非洲的一些国家被消灭，新中国成立不久我国就宣布消灭了天花。1980 年，世界卫生组织大会向全世界宣布人类消灭了天花。现在只有亚特兰大和莫斯科两地还保存着天花病毒，并且是保存在戒备森严的实验室中。

2. 艾滋病

引起艾滋病的病毒是一种 RNA 病毒，而且是一种逆转录病毒，称作人类免疫缺陷病毒（Human Immunodeficiency Virus，HIV）。艾滋病是近 20 年来在非洲、美国，后来在欧洲出现的一种传染病，现在亚洲各国也已经发现。艾滋病被公认为有史以来最恶、最坏的瘟疫。据 2000 年世界卫生组织的报告，世界上现有 HIV 感染者 3600 万例，90% 以上在发展中国家，其中 70% 在南部非洲。从以上数字可以看出，HIV 的感染与一个国家的经济和社会发展状况密切相关。虽然艾滋病的重疫区大都在发展中国家，但在经济最发达的美国，青壮年中 HIV 的感染率也远远超过了其他的传染病。我国 HIV 感染的趋势正在显著上升。其中女性的比例，过去占到了 10% 左右，现在已经达到了 28%。新发生病例最为严重的是广西，而且广东、北京、上海 HIV 感染率上升的速度非常之快。现在中国感染 HIV 的危机已经来到，危机的特点是：艾滋病正在从高危人群向一般的人群迅速蔓延。许多老百姓还没有意识到这样的危机，认为艾滋病是高危人群的事，不是我的事，艾滋病离我很远，这样使得防御艾滋病的形势十分严峻。

3. 朊病毒病

朊病毒是医学生物学领域至今尚未彻底弄清楚的，与病毒很不同的一种蛋白质传染病原。其理论价值就在于它是一个超出经典病毒学和生物学的全新的概念，因为朊病毒是人类迄今为止发现的唯一一种不含有任何核酸的传染物。由朊病毒引起的疾病统称为朊病毒病。一般的朊病毒病都是致死性的中枢神经系统的慢性退行性疾病。人由朊病毒病导致的疾病有震颤病、克雅氏病、山羊瘙痒病。动物由朊病毒导致的疾病有牛海绵状脑病（疯牛病）等。

疯牛病于 1985 年始发于英国。当时英国的一名养牛的工人发现其饲养的一头牛行为异常，步态不稳，并且伴有烦躁不安的表现，紧接着又发现有 4 头牛有着同样的症状。后经研究发现这四头牛的脑组织都呈海绵状病变，其病理变化与羊瘙痒病、人早老性痴呆症类似。当时根据其病理特征，命名为牛海绵状脑病，俗称疯牛病。这种病的起因是牛食用了用动物尸体制作的饲料，可能是因为用被宰杀乳牛的下脚料或者患有羊瘙痒病病羊的尸体制成的强化饲料进入牛的食物链，从而激活了朊病毒所致。

疯牛病能否传染给人类？科学家经过临床观察发现，疯牛病与新型克雅氏病的朊病毒是属于同一分子类型。他们认为，对新变种的克雅氏病病因最适当的解释是患者接触了疯牛病病原。

四、抗生素药物开发的历史

与病原学研究同样重要的是传染病的治疗。巴斯德和科赫等把传染病的病原学建立在科学的基础上，并且提出了一些预防和治疗的措施。但是真正全面而有效地治疗传染病是20世纪的事情。磺胺的发现和青霉素的应用是传染病治疗道路上的两座里程碑。

（一）磺胺药的开发

埃利希是德国著名的科学家，他曾经是著名细菌学家科赫的学生。他的第一个贡献是探索新的"细菌着色法"。埃利希在观察了科赫的关于结核杆菌的染色法以后，感觉这种方法非常烦琐，于是，他利用了微生物易和酸性物质结合的性质，创造了新的方法。目前使用的许多的方法都是在他的原始技术基础上改进的。埃利希的另一个重大的贡献是在1909年开发了一种抗梅毒药——撒尔佛散，即"606"。这是世界上人工合成的第一种化学的药物，从此揭开了化学药物疗法的序幕。当时，杀死病毒的药物是可以制造出来的，但是这些药物在杀死病菌的同时，也伤害了人体自身；而埃利希开发的治疗梅毒的药物，在杀死病菌的同时，对人体却是没有什么副作用的。在埃利希的影响下，多马克（Gerhard

Domagk，1895—1964）着手寻找和合成能杀死细菌而又对身体无害的物质。经过实验，发现了磺胺药能够使得实验鼠兔免于链球菌的感染。进一步的研究表明，磺胺类物质对于许多的细菌感染多具有良好的治疗作用。多马克用磺胺药治愈了许多被认为无法治愈的传染病病人。

（二）青霉素的发现与大规模的生产

青霉素的发现是科学上的一大奇迹，是第二次世界大战中堪与原子弹和雷达并驾齐驱的三项重大的发现之一。但就是这样伟大的发现却是诞生于一次偶然之中。1928年初夏的一天，弗莱明发现由于粗心，使得一个培养基侵入了一种霉菌，在培养皿的边缘有一种灰绿色的霉菌层，霉菌周围培养的葡萄球菌已经腐烂。对此，助手视而不见，而弗莱明经过反复的思考和观察意识到：就是这些霉菌使得周围的葡萄球菌完全裂解了。显然，这些霉菌具有杀死葡萄球菌的作用。此后，弗莱明经过研究后发现，霉菌能够产生一种物质，他称为盘尼西林（penicilin），即现在所说的青霉素。

可是发现是一回事，用于大批量的生产并且能够造福人类是另一回事。为此，弗莱明说把青霉分泌物中含量极少的有效成分提炼出来并不是我的长项，这项工作需要经过许许多多人的共同努力。之后，他毅然在英国皇家《实验病理季刊》上面公开了自己的发现，并且申明希望有人能够继续自己的研究。当日历翻到了 1939 年的时候，英国牛津大学的生物化学家钱恩（E.Chain，1906—1979）和弗洛里（H.Florey，1898—1968）发现了被冷落多年的弗莱明的关于青霉素的论文，由此开始了大规模的提取青霉素的过程。

他们首先组织了一批热心的科学工作者，共同攻关。有人专门负责培养青霉菌，有人负责从滤液中提取青霉素，还有人专门测定提取物的含量。培养液里青霉素的含量非常低，他们必须处理几千公斤的滤液，才能提炼出一点点青霉素。每天，他们都要洗涮几百个大玻璃瓶，在大量的培养液中接种、过滤、分离、干燥，工作单调、辛苦又紧张。18 个月后，他们仅仅提取出了 100 克黄褐色粉末状的青霉素。把这些粉末加水稀释 50 万倍，溶液仍能够杀死细菌。它比磺胺药抗感染能力要强 20 倍。但是，直到 4 年之后，弗洛里才得到了足够进行一次临床试验的青霉素制剂。他选择了一位已经处于休克状态的患者，这位患者得的是败血症，所有的磺胺药都已经试验过，却不见好转。弗洛里给病人注射青霉素制剂，病人在 24 小时后清醒了过来，并且主动提出要吃东西。青霉素的效用充分体现出来了，这使得弗洛里等人非常兴奋。可惜的是，弗洛里他们能够用于临床的青霉素太少了，这位患者在用了 6 天的药之后，终于不能继续注射青霉素导致败血症复发而死亡。

摆在弗洛里他们面前的问题是如何生产出大量的青霉素来。要解决这个问题就要解决下面两个问题：首先要找到高分泌青霉素的菌种；其次要改善培养液，促使青霉菌迅速繁殖。于是寻找新菌种的工作开始了，他们试过土壤培养，试过发霉的食品，试过垃圾箱里被抛弃的甜瓜皮。最后，在经过多次实验之后，研究人员发现来自垃圾箱里的甜瓜皮上的青霉菌菌株是最好的，其产量比普通的青霉菌要高 1 倍多。第一个问题解决了，接着他们又开始研究青霉菌的培养液问题。试验过多种物质以后，发现利用玉米汁作为培养基，在 24 摄氏度时，能够使优良的菌种分泌出最高产的青霉素的原液，这样第二个难题也解决了。从此，不锈钢的硕大的培养罐、高耸的灭菌空气塔、轰鸣的马达、高速飞转的离心机，以及自动化的装瓶流水线忙碌起来，大批量的青霉素被生产出来送到了前线，送到了医院。1943 年，青霉素成功用于临床治疗，成批量制造出来的青霉素拯救了无数濒临死亡的患者。

1945 年，弗莱明、弗洛里和钱恩共同获得了诺贝尔生理学或医学奖。

第六章 解剖学的建立和发展

　　解剖学是研究生物体形态、结构及其发生、发展的科学。根据研究对象、方法和应用的不同，有人体解剖学、家畜解剖学、比较解剖学、系统解剖学、运动解剖学等分支，其中以人体解剖学的研究最为深入和详尽。

一、盖伦奠基的解剖学

　　在西方古希腊时期，很早就有人通过对动物和人的尸体解剖，获得了许多的解剖学的知识。比如，艾拉西斯特拉塔（Erasistratus）发现了大脑是全部神经系统的中枢，发现了心脏的瓣膜；亚里士多德区分了神经和键的不同等。集古代解剖学之大成的，则是古罗马的医生盖伦（Galen，129—199年）。

　　盖伦早年曾经拜当地的柏拉图派学者做老师，17岁时，他给一个精通解剖的医生做学生，20岁时，父亲去世，他开始只身漫游各地，追求医学知识，盖伦到过很多的城市。30岁那年，盖伦回到了柏加曼，成为了一名角斗士医生，在治疗这些角斗士时，盖伦获得了很大的成功。同时，他开始积累了一些解剖学的知识。比如，他区分了颈肌、背肌和咀嚼肌；发现了12对脑神经中的7对。

后来，盖伦成了罗马皇帝奥利略的御医。

作为御医的盖伦，利用他良好的工作条件，亲手解剖了猪、狗、羊、猴、猿等动物，从而获得了许多的解剖学知识。在《论解剖手术》一书中，盖伦详细记载了有关脊椎的一系列的实验，他指出，如果在第一和第二颈椎之间的水平面上切断脊髓，就会导致动物立即死亡；如果在第三和第四颈椎之间切断脊髓，会抑制动物的呼吸；如果在第六脊椎骨以下横切脊髓，会造成胸部肌肉的瘫痪；如果在更低部位损伤脊髓，则会引起下肢、膀胱和肠的瘫痪。辉煌的成就为他自己赢得了"解剖学之父"的美誉。

由于当时的罗马法规禁止人体的解剖，盖伦从来没有系统地解剖过人体，也难以获得人体解剖的第一手的资料，而通过动物的解剖来推测人体的结构，难免会出现偏差。比如，他认为人的肝脏和狗的肝脏一样是分成五叶的，而实际上人的肝脏只有两叶。他认为心脏不是肌肉质的，心脏的中膈是穿孔的等。

到了文艺复兴的时期，出现了这样的一种思想：人体是美丽的，是上帝最为完善的杰作，是值得研究的。有许多的艺术家转而学习解剖，研究人体的结构。他们之中最为出类拔萃的是达·芬奇（DaVinci，1452—1519）。达·芬奇14岁就开始绘画，在绘画中，他把自然科学知识和艺术想象有机地结合起来，使得他的绘画水平达到了当时欧洲的巅峰。

达·芬奇认为，作为一个画家、雕塑家，仅仅有人体外部的知识是不够的，还必须了解人体肌肉和骨骼的运动以及它们和身体内部的联系。他常常不顾禁令，通过各种渠道搜集可以用于解剖的尸体，他曾经对一个只存活了7个月的婴儿和一个活了100岁的老人的尸体同时做了比较解剖。在佛罗伦萨的一所医院里，达·芬奇先后解剖了30多具男女尸体，并且绘制了详尽的解剖图。达·芬奇首创用热蜡注入脑室空腔做成蜡质的脑室模型，当蜡凝固以后，就可以对精细复杂的大脑组织进行切片的解剖。他研究过心脏的肌肉组织，并且画出了心脏的瓣膜的功能图。他研究过人体的眼睛的构造及其活动的方式，亲手制造了一个眼睛的视觉功能的模型，借以说明像是如何在视网膜上形成的。

二、维萨留斯和《人体的结构》

维萨留斯（Vesalius，1514—1564）出身于比利时布鲁塞尔的一个医生世家，他的曾祖父、祖父和父亲都当过宫廷御医。还在很小的时候，他就在父亲的指导下，通过解剖老鼠、小猫等掌握了不少解剖知识。1537年，维萨留斯来到意大利的帕多瓦大学，于次年获得了医学博士学位，又很快晋升为解剖学和外科学教授。帕多瓦大学是一所比较开明的学校，在这里，维萨留斯搞了许多的政策，其中最主要的改革是在课堂上，他向几百名的学生一边解剖，一边讲演，解剖时，他不用助手，而是亲手主刀，讲演时，他不再依赖盖伦的观点，而是以现场的解剖实验和专门的解剖知识为依据。经过长期的人体解剖实践，维萨留斯积累了许多的第一手的资料，在掌握了大量解剖学知识的基础上，维萨留斯写下了划时代的巨著《人体的结构》，这部巨著的问世，标志着近代解剖学的诞生。

《人体的结构》出版后，引起了神学家和守旧的医学家的不满，因为书中的许多论点同当时流行的权威理论是大相径庭的。比如，盖伦认为人的腿骨像狗的腿骨一样是弯曲的，维萨留斯却说人的腿骨是直的；盖伦说，心脏的中膈上面有穿孔，维萨留斯在中膈上仔细地寻找，但是始终未能够找到，因此，他认为穿透中膈的微孔是不存在的；《圣经》上面说上帝先造了男人亚当，然后用他的一根肋骨造出夏娃，这样，男人的肋骨就应该比女人少一根，而维萨留斯却说男人和女人的肋骨一样多，而且左右的数目是相同的。亚里士多德认为心脏是生命、思想和感情活动的地方，而维萨留斯则说，大脑和神经系统才是发生这些高级活动的场所。

离经叛道的言论，使得维萨留斯在帕多瓦大学遭到了猛烈的攻击，1544年，他不得不离开了这里，应西班牙国王查理五世的邀请，他做了宫廷御医，在那里整整度过了20个春秋。但是宗教界的权威还是不愿放过他，一次，当维萨留斯在为一位年轻的贵族妇女做死后验尸解剖时，竟然被教会无中生有地诬陷为对活人进行解剖，致人死命。于是，宗教裁判立即判他为死刑。幸亏西班牙的国王了解实情，出面干预，方免他的死罪，但是赎罪有个条件，就是必须去基督教圣地耶路撒冷朝圣。1564年，在朝圣耶路撒冷回来的路上，维萨留斯乘坐的船经过希腊的查恩特岛时不幸遇难，汹涌的海浪无情地吞没了已经身患重病的维萨留斯。

图6-1　维萨留斯　图6-2　维萨留斯的《人体的结构》

三、塞尔维特发现肺循环

如果说世界上有人发现了自己的信念而死过两次的话，那么这个人就是塞尔维特（Servetus，1511—1553年）。他本人被活活地烧死，而他的模拟像则被天主教徒所焚毁，他成了文艺复兴初期弥漫着的那种教条主义和不容异端风气的牺牲品。

1536年，赛尔维特进入巴黎大学学习天文、地理和医学。在巴黎大学期间，塞尔维特结识了维萨留斯，两人经常在一起秘密进行人体解剖研究，成为了至交。后来，维萨留斯被迫离开巴黎大学，而赛尔维特则留了下来，继续进行解剖实验。在这期间，塞尔维特仔细地研究了血液通过肺脏的情况，发现了肺动脉很粗大，血液能大量地从心脏排到肺脏里。他又进一步观察心脏的中膈，没有发现盖伦所说的穿孔，如果这些穿孔不存在，那么血液就不可能从心脏的右边流到左边。他指出，血液并不是通过心脏中膈的穿孔由右心室直接流入左心室的，而是从右心室经过肺动脉的支管，与这里的空气交换后，再流入左心房。这是右心室的静脉血通过肺脏变成新鲜的动脉血，再回到左心房的一个血液循环的途径。

在人类科学史上，塞尔维特第一次发现了心脏和肺脏之间的血液小循环（肺循环），从而为探索人体血液循环系统打开了大门。他还推测，在极纤细的肺动脉支管和肺静脉支管之间可能还存在看不见的微血管。

1553年，塞尔维特在法国南部的一座小城秘密地出版了《基督教的复兴》一书，介绍了血液肺循环的发现。这本书刚一出版，宗教裁判所就指控他是一个特别危险的"异端分子"，咒骂他的著作是具有煽动性的异端邪说，将他逮捕并且判处了火刑。在朋友们的帮助之下，塞尔维特逃了出来，但是不到四个月，又在日内瓦被新教领袖加尔文给抓住，这个狂热的新教徒当年在巴黎时就是塞尔维特的论敌，这次落入他的魔爪也就在劫难逃。

图6-3 塞尔维特

四、法布里休斯发现了静脉瓣膜

法布里休斯（Fabricius，1537—1619）出生于意大利，在帕多瓦大学学习，是维萨留斯学生的学生，1559年，他获得了医学博士学位，1565年被任命为解剖学和外科教授，在这所大学一直工作了50年之久。1603年，法布里休斯出版了一本仅有24页的小册子《论静脉中的瓣膜》，书中完整描述了静脉瓣膜的结构、位置和分布。可以说，静脉瓣膜的发现是法布里休斯在解剖学上最重要的贡献。在推测这些静脉瓣膜的功能时，法布里休斯应用了水力学原理来做类比，使他认识到了这些静脉瓣膜的作用是防止血液从心脏倒流回周围血管中去。在上课和公开讲演的时候，法布里休斯用活体做实验，以演示这些瓣膜的功能：如果用绑带扎住手臂，沿着静脉所经之处就可以看见突起的小瘤。这些突起的地方正好是与解剖的静脉瓣膜的位置是相对应的。如果用手去挤这些小瘤，强迫血液经过这些小瘤挤回到手掌去，那么就可以清楚看到，这些小瓣膜阻止了血液的倒流。

图6-4　法布里休斯

法布里休斯的实验虽然获得了很大进展，但是他未能真正认识到瓣膜的功能，在他看来，这些瓣膜更像是调节蓄水池容量的闸门，而不是调节流量的阀门。他宣称，形成这些静脉瓣膜的原因，是为了使得身体的任何部位能够以奇妙的比例分配到恰当数量的血液，以维持身体几个重要部位的营养。"法布里休斯显然是没有摆脱关于静脉和血液的陈旧的观念，所以，真理已经碰到了鼻尖，还是让它给溜走了。在他去世九年后，他的一个叫哈维的学生，完成了一项伟大的发现。

五、哈维与《心血运动论》

哈维（Harvey）1578 年生于英国肯特郡福克斯通一个富农之家。哈维从小就对生物的活动方式充满了好奇。据说，当他还是孩子的时候，他就玩过从当地的屠宰场弄来的动物心脏。16 岁那年，哈维以优异的成绩考入剑桥大学，攻读古代文学、自然科学、医学和哲学，三年之后获得了文学学士学位。

1957 年，哈维离开故乡，来到意大利帕多瓦大学专攻医学，在留学期间，伽利略正在帕多瓦任教，哈维多次旁听过这位近代实验科学大师的演讲，获益匪浅，他明白了，"无论是解剖学还是学解剖学，都应该以实验为依据，而不是以书本为依据。"哈维是幸运的，他得到了法布里休斯的悉心指导，他告诉波义耳，是法布里休斯的静脉瓣膜演示实验启发了他从循环的角度来思考问题。1602 年，哈维获得了帕多瓦大学医学博士学位。

学成归来，哈维定居于伦敦，并且当上了英国国王詹姆士一世和查理一世的御医。行医之余，他尤其热衷于心血管系统的解剖学研究，常常为心血运动问题而陷入沉思。哈维开始怀疑盖伦的血液运动理论。睿智的哈维首先研究了心脏的结构和功能，并且做了大量的离体心脏的实验研究，他指出血液在体内是循环流动的。首先，他通过实验发现，如果心室容纳的血液为 56.8 克，心跳为 72 次，则一小时由心脏压出的血液为 245.4 千克，这就相当于人体重的三四倍。这样大的血量决不可能是同一时间内静脉所储存的，由此就断定血液在体内必定是循环的。其次，他用捆扎手臂的实验证明，血液是从心脏经过动脉流到静脉再流回心脏。此外，他通过解剖和活体观察，发现了动物心脏就像水泵，收缩时把血液压出来，而舒张时又充满了血液，指出了血液循环的动力在于心脏的机械作用。

1628 年，哈维出版了结构紧凑、论证严密的名著《心血运动论》，正式公布了血液循环的发现。当他把自己的研究成果写入书中时，他很自然地想到了先辈维萨留斯和塞尔维特的遭遇。果然，来自教会和科学界保守势力的反对声和批评声，像暴风雨般猛烈。在嘲讽和谩骂声中，哈维仍旧顽强地坚持他的学说。三十年后，哈维的发现得到了普遍的认可。血液循环的知识很快就被应用于解释临床上的许多现象，如为什么被蛇或者患有狂犬病的动物在一处咬过以后，毒素或者感染就会影响到全身，为什么外敷药能够被吸收并且散布开来等。随着血液循环理论逐渐被人们接受，并且得到具体的应用，在世界各大学的课堂上，学生们开始学习的是哈维的血液循环理论，而不是盖伦的学说了。

虽然哈维发现了血液循环，但是限于当时的条件，他并不清楚血液是怎样由动脉流到静脉的。1661年，意大利解剖学家马尔比基（Marcello Malpighi，1628—1694）将改进了的显微镜用于解剖学研究，结果发现了毛细血管。随后，列文虎克（Antonievan Leeuwenhoek，1632—1723）又证实了毛细血管连着动脉和静脉，从而使得血液循环的理论进一步完善。

哈维的血液循环理论，彻底否定了盖伦的错误学说。哈维的工作开创了把实验方法引入生理学的先河，为近代生理学和医学的发展奠定了基础。

图6-5　哈维的《心血运动论》　　图6-6　哈维

六、人体是尘世间的机器

在古代的哲学体系中，解剖学和生理学从本质上是不可分割的。然而在 17 世纪，生理学基本上是处于停滞状态的。

后来，一些生理学家受新兴的机械力学的影响，将生物体看作一部机器，试图发现生物体各器官的物理作用规律。他们把嘴比作钳子，把胃比作曲颈瓶，把静脉和动脉比作水压管，把心脏比作发条，把肌肉和骨骼比作绳子和滑轮构成的系统，把肺比作风箱，把肾脏比作筛子和过滤器等。尽管这些比喻是牵强附会和不恰当的，但是人们还是愿意接受机械的类比，还是相信可以用非生命现象中发现的自然规律来解释生命的现象。而把生理学发展的历史进程纳入机械论轨道的关键人物，就是数学家和哲学家笛卡尔。

笛卡尔把宇宙看作一个巨大的机械系统，并且扩展到人类，把人体看成是一部遵循物理定律而活动的"尘世间的机器"。他把心脏看作一部"热机"，而不是"液泵"。与火热的心脏相反，笛卡尔把肺脏描述成娇嫩柔软和由空气的作用而维持着新鲜状态的组织。对神经系统的研究是个较大的挑战，在笛卡尔的人体解剖系统中，神经不仅具有瓣膜，而且还有一根纤细的导线，它贯穿于从脑到感觉器官的整个神经空腔之中。所以，沿着这根导线的最细微的运动也将牵动导线在脑内的起源处，并且使得脑内表面上的小孔口打开，让动物灵气的精细液体流入相应的肌肉中去，从而引起这架人体机器的相应运动。显然，笛卡尔的推断缺乏实验的基础，也有不少的错误，但是他的观念得到了人们广泛的理解、仿效和信任。无疑，笛卡尔是第一个"敢于以一种机械方式解释人类的全部功能特别是脑功能"的人。

第七章 生理学的沿革
Shenglixue De Yange

第七章　生理学的沿革

一、生命是一种化学现象

与生命科学的机械论不同，随着 17 世纪化学的发展，化学家们认为，生命现象用物理规律来解释是不够的，必须用化学的原理来说明。赫尔蒙特（Helmont，1577—1644 年），认为所有的生理活动都是化学物质的活动，而水是所有化学物质的基础。赫尔蒙特以一个图解的形式把消化解释为六个转化的过程：消化的第一步发生在胃里，由脾脏释放出酵素，与食物混合后形成酸糜；第二步发生在十二指肠，酸糜与胆汁中含有的另一种酵素混合后形成乳糜；消化的第三步是由肝脏引起的，酸糜被从肝脏释放出来的酵素转化为粗血后，剩下的残渣进入盲肠，由另一种酵素将它们转化为粪便；消化的第四步发生在心脏，腔静脉中稠厚暗红的血液与这里释放出的酵素混合后变成稀薄鲜红的血液；消化的第五步发生在动脉中，鲜红的动脉血在这里与特种酵素混合后，产生"生命的灵气"；最后一步消化发生在各个器官的"厨房"里，"遍布在各个器官中的酵素为了本器官的生存而烹调它的食物"，把营养物质转变成新生组织的成分。赫尔蒙特的理论虽然含混不清，但是他用发酵等化学原理解释生理现象的尝试无疑是开创性的。

二、实验生理学的奠基

到了 19 世纪，化学已经相当成熟，被誉为"有机化学之父"的德国化学家李比希（Liebig，1803—1873 年）意识到，化学不仅能够研究非生命界，而且还能够研究生命界。1824 年，李比希开始任教的吉森大学成了德国化学研究的中心。他在那里开辟了一个供学生使用的吉森实验室，吸引了一群青年的学者。李比希认为，生命体内的化学变化与实验室中的化学变化在本质上是相同的，他试图通过对生命有机体吸收和排泄等各种成分的测定，来确定生物体内究竟有什么样的化学事件发生。但是他所做的努力还是以失败而告终。实验生理学的发展，在很大的程度上应该归功于不知疲倦、性格冷酷的法国生理学家马让迪（Magendie，1783—1855）。这位医学博士起先是有名的活体解剖学家，后来，他运用高超的活体解剖技术，进行了近乎"疯狂"的生理学实验，试图用一种纯粹的物理化学原理来解释所有的生命现象。1825年，马让迪用小狗做实验的时候发现，脑脊髓的前神经根是运动神经，后神经根是感觉神经，前者引起了肌肉的运动，后者则产生了感觉。为此，他赢得了极大的声望。

对实验生理学做出重要贡献的，还有一位叫贝尔纳的科学家。贝尔纳出生于维勒弗兰克，从小接受过一些经典学科的训练。1834年他进入了巴黎医学院，边打工边学习。毕业之后，贝尔纳有幸成为马让迪的助手。从此，他的才华开始展露出来，甚至就连高傲的马让迪也不得不承认，贝尔纳的活体解剖技术超过了自己。在马让迪那里，贝尔纳全面掌握了有关的生理学知识，成为了现代生理学的奠基者。作为实验生理学的奠基人，他认为，应该以活体解剖和其他实验作为了解生命现象的手段，"只有通过实验，才能建立生命的科学。我们只有在牺牲了某些生命以后，才有可能将生命从死亡中拯救出来。"精湛的活体解剖技术和对事物进行高度概括的能力，使得贝尔纳成为了现代实验生理学的真正奠基人。在贝尔纳的一生中，有着许多重要的发现，比如肝脏的糖原合成功能、血管收缩神经、胰液在消化中的作用，等等。

其中肝脏的糖原合成作用为他提出内环境具有自我保持稳定的特性提供了依据。

当时关于"动物体内的糖分"的流行理论，是动物所需的糖分只能从食物中吸收。贝尔纳最终证明了在食物中不含糖分时，动物血液中依然存在糖类。在实验中，贝尔纳连续几天用糖类来喂养狗，然后在食物消化期间将它们杀死，结果他在肝静脉中发现了大量的糖类。而他仅以肉类喂狗时，结果惊奇地发现尽管肠中没有糖类，但是在肝静脉中依然有很多的糖类。这就对当时认为的葡萄糖只能够从食物中来的观念构成了严峻的挑战。这是为什么呢？难道肝脏可以将蛋白质或者脂质转化成所需要的糖类吗？通过进一步的实验，他终于发现了肝脏可以把糖类和脂质转化成糖原贮存起来；而且他还发现了，当血液中血糖的含量增高时，肝脏可以将血糖转化为糖原贮存起来；而当血糖的含量减少时，肝脏可以将糖原转化成血糖进入血液。肝脏可以调节血糖的水平，使得有机体保持稳定的状态，这使得贝尔纳意识到有机体的各部分都是相互协调的。

1857年，也就是发现和证实肝脏可以调节血糖水平的那一年，贝尔纳提出了"内环境"的概念。他认为动物的生活需要两个环境：机体细胞生活的内环境和整个有机体生活的外环境。内环境的稳定意味着高等生物是一个完美的有机体，能够不断调节或者对抗引起内环境变化的各种因素。但是内环境的相对稳定又是如何调节的呢？这一课题又引起了后人极大的研究兴致。

亨德森，美国医师，同时又是生理学家、哲学家和社会活动家。他是传播贝尔纳思想的主要干将，并且通过自己出色的工作大大地发展了贝尔纳的思想。亨德森通过实验发现，血液中包含着很多种缓冲体系。通过深入细致的研究，他发现了血液的总缓冲势并不是各组分缓冲势的简单相加，他把贝尔纳的内环境思想和自己的实验结合起来，阐述了自己对生命现象的独特的见解：生命系统是由相互作用的因子组成的，具有调节自己各种活动过程的能力；生理过程依赖于生命体内的物理—化学条件，但是孤立研究这个系统的任何组分都不能够完全真正地阐明生命现象的机理，他特别强调应该研究生命现象的整合作用和协调作用，这与贝尔纳的思想是一脉相承的。而亨德森的同事坎农，则把内环境的理论推向了一个新的高度——建立了内稳态理论。

坎农是美国生理学家。坎农认为内环境并非像贝尔纳认为的那样处于一种静止的、固定不变的状态，而是处于一种可变、可动的稳定状态。他用稳态这一术语对这一状态予以概括。坎农还认识到全身生理过程，如温度、血糖水平、心搏率等的调节，也并不完全像亨德森所强调的那样依靠血液的缓冲作用，它还要（甚至更主要是）靠神经系统和内分泌系统的相互作用来实现。

坎农主要从事交感神经与肾上腺系统功能的研究工作。交感神经与肾上腺系统是一个动态的，具有相对稳定性的调节系统。交感神经兴奋促使肾上腺髓质激素的分泌，而激素分泌水平的信息又反馈作用于神经系统，其结果是，交感神经与肾上腺间构成双向性联系，使得这个系统的输出结果——激素的浓度维持着动态的稳定。坎农受到这种生理现象的启发，提出了内环境的动态稳定，即稳态。1932年，他在《人体的智慧》一书中明确提出了内稳态的理论。内稳态这一术语描述了维持内环境稳定的自我调节过程。他提出，内环境的稳定不是靠使生物与环境隔开，而是靠不断地调节体内的各种生理过程得以维持。稳态是一种动态的平衡而不是恒定不变的——各个组成部分不断地改变，而整个系统却保持稳定。他通过实验证实了内环境的稳定需要神经和体液的双重调节。

自从贝尔纳和坎农创立了"内稳态"这一对生理学研究具有指导意义的概念以来，这一概念得到了很大的扩充。其中某些新的术语被提出，如反馈、回路、伺服机构、传递作用和控制论、整体论等，这表明了这一概念不仅为生物学家所采用，而且还适用于那些由工程师、社会学家、经济学家、生态学家以及数学家们所研究的问题。在生物学领域里，这一概念的扩展小到细胞、组织的稳态，大到器官、系统、整个机体的稳态，以至扩大到种群、群落，甚至整个生态系统的稳态。

在稳态理论的形成历程中，系统的思想始终贯穿其中。首先，贝尔纳通过肝脏可以调节血糖水平使得有机体趋于相对稳定的状态这一研究，认识到有机体各部分是相互协调的。亨德森则通过实验认识到：研究生命体不能总把整体拆成部分加以研究，因为在某种程度上，整体并不等于部分之和。坎农更是发展了这一系统的思想，他认为稳态的维持，可能是神经系统、内分泌系统等协调作用的结果。

三、神经元学说的诞生

1839 年，德国动物学家施旺根据对不同组织的显微观察结果，提出了细胞学说，认为所有的组织都是由细胞构成的。那么神经组织也应该是由神经细胞组成的，这是人们最直接的推想。可是对神经系统结构最直接、最客观的观察，即直接的解剖学观察，多年来都一直无法实现，因为中枢神经系统看上去就好像是由纤维和微小细胞组成的一团混合物，每根纤维都和蜘蛛网的丝一样精细，而每个细胞又长着许多的"手臂"。人们无法分离神经组织标本的单个组分，也不知道有什么染色的方法可以把神经细胞和他的突起作为一个整体而显示出来。后来意大利的科学家高尔基创立了神经组织染色方法，使得脑细胞的形态结构得以被鉴定和描述。

高尔基是意大利的神经组织学家。他曾在帕维亚大学学习医学，期间他在隆布罗索任所长的精神病研究所做过实习生。受到龙布罗索理论的影响，他认为精神疾病可由神经中枢的损伤而导致。然而，这一理论需要事实来支持。因此，他放弃了精神病学的研究，开始专注于神经系统结构的研究。

神经科学或者脑科学是一门实验科学，它的每一个重大的突破都在很大程度上依赖于研究手段的创新、发展和完善。在高尔基之前，德国的神经科学家尼斯尔（Franz Nissl）发明了神经组织的焦油紫染色法，这种染色法可以清楚地显示神经细胞核和核周围的物质（尼氏小体），但是无法显示神经元的整个形态和轮廓。高尔基发现，把脑组织块浸在银—铬酸盐的溶液中，神经细胞的整个轮廓，包括胞体、轴突和树突以及它们的分支，都被深深地染上了黑色。银—铬酸盐染色法的创立，使得人类第一次看到了神经细胞的庐山真面目。

用这种方法，高尔基成功地展示出了中枢神经系统结构的许多重要特点以及结构细节，并且首次观察到了整个神经细胞（包括突起）的全貌。这一方法的建立被认为是神经解剖学领域奠基性的工作。

高尔基当时认为，神经细胞与神经细胞间是通过突起末梢贯通在一起的，犹如血管网络一样，这就是当时盛行的网络学说。高尔基一直坚持这一学说。那么是否神经细胞之间的联系真如高尔基所认为的是贯通在一起的呢？许多的科学家开始了对这一问题的深入研究并且做出了巨大的贡献，其中最杰出的代表是西班牙的神经组织学家拉蒙·卡哈尔（Ramony Cajal，1852-1934）。

拉蒙·卡哈尔在高尔基工作的基础上，对实验手段进行了进一步的创新。他改进了高尔基的银—铬酸盐染色法，通过细致的显微观察，发现神经细胞和神经细胞之间并非相互贯通，而是通过紧密的接触（即我们今天所说的突触）连接在一起的。每个神经细胞都是独立的、彼此分离的。拉蒙·卡哈尔的发现否定了"网络学说"，并且由此创立了神经系统结构的新学说——神经元学说，为神经系统的研究指明了正确的方向。

神经元学说认为，所有动物的神经系统都是以神经元为单位组成的，每个神经元都有一外膜与外界相隔离。神经元是神经系统的最基本的信号传递单位。神经元学说至今依然是神经科学的基本概念，并且被证明是完全正确的。拉蒙·卡哈尔后来还建立了升汞—氯化全染色法，给神经科学和临床神经病理学的发展带来深远的影响。

拉蒙·卡哈尔详细地描述了神经元的形态：每一个神经元由4部分组成——胞体、树突、轴突以及很多的轴突末梢，胞体位于神经元的中央，呈球形，内有细胞核；胞体发出两类细长的线状突起，通常呈树枝状，是输入信号的接受区。轴突是神经元的输出装置，是发自胞体的管状突起，长度为0.1mm到1m或者更长。轴突的末端分出很多细小的分支。拉蒙·卡哈尔正确地论述了神经元的4个组成部分在神经信号传递中具有的不同作用。他提出，神经元具有动力学特性，每个神经元上神经信息沿着既定的、一贯的方向传递：神经元在树突和胞体接收来自其他神经元的信息，神经信息从这些接受位点传递到轴突，再由轴突传递到下一个神经元。

鉴于高尔基和拉蒙·卡哈尔在神经系统结构研究方面的杰出贡献，他们获得了1906年度的诺贝尔生理学或医学奖。

从神经元学说的诞生来看，研究手段的不断创新、发展和完善，在很大程度上促进了神经科学的发展和突破。可以说，如果没有 19 世纪显微镜技术的发展，如果没有新的神经组织染色方法的应用，人类对脑和神经系统的了解将会大大推迟。

四、神经冲动的"离子学说"

神经科学的重大突破除了依赖于研究手段的创新、发展和完善以外，还依赖于合适的实验材料或者对象的选择，依赖于巧妙的实验设计、勤奋和执着的科学精神以及敏锐的科学判断力，依赖于不同学科，不同知识背景的科学家之间的精诚合作。霍奇金（AlanL.Hodgkin，1914—1998）和赫胥黎（AndrewF.Huxley，1917—)的合作就充分地体现了这些特点。

1963 年度诺贝尔生理学或医学奖授予英国的神经生理学家和生物物理学家霍奇金、赫胥黎以及澳大利亚神经生理学家埃克尔斯，以表彰他们在神经冲动的产生、传导和信息传递研究方面的杰出贡献。

赫胥黎于 1935 年进入剑桥大学三一学院，最初学的是数学、物理学和化学。霍奇金于 1932—1936 年在剑桥大学三一学院学习生物学和化学。

每个人的知识结构和背景、思考问题的角度、掌握的实验技术和理论工具都是不同的，如果说 20 世纪早期，某个人或者某个实验室就有可能做出推动整个神经科学发展的重大发现，那么到后来，科学家之间的紧密合作则显得越来越重要了。霍奇金和赫胥黎的合作就是一个很好的例子。赫胥黎与霍奇金由于在知识背景上的互补，因此不仅发现了神经兴奋与传导的离子机制，而且用物理学等效电路分析了通过神经膜的离子电流，用数学公式描述了神经上发生的各种电学现象。

神经科学或者说脑科学是一门实验性的科学，它要求用严格的实验来阐明或者验证某些基本的神经过程或者功能。因此，除了要有好的实验设计思想外，选择好的实验材料或者研究对象尤其重要。霍奇金和赫胥黎选择枪乌贼作为自己的研究材料正是他们成功的关键之一。枪乌贼的头和躯干都很狭长，尤其是躯干部的末端很尖，形状像标枪的枪头，而且它在海里的行动又是那么迅速和敏捷，所以叫枪乌贼。枪乌贼巨大的神经纤维没有髓鞘，直径粗大，玻璃微电极能够轻易插入纤维的内部，因此可以直接记录到神经纤维在静息时膜内外的电位差（静息电位）和兴奋时候的动作电位。所以他们利用枪乌贼的巨大神经纤维作为实验材料来研究神经电活动，成功揭示了静息电位和动作电位的离子机制，并且用实验否定了博斯坦（Berstain）的"膜学说"

早在 20 世纪初，德国生理学家博斯坦就在细胞水平上研究过电生理现象，提出了膜学说。他认为，细胞内的 K^+ 的不均衡分布和静息时细胞膜主要对 K^+ 有通透性是细胞保持电位内负外正状态（静息电位）的基础；静息电位为 K^+ 的平衡电位，它可以用物理化学里著名的能斯特公式算出；当神经或者肌肉发生兴奋，产生动作电位时，细胞膜对 K^+ 的选择通透性暂时消失，变成了无任何选择性的膜。根据膜学说，动作电位实际上是静息电位的暂时性的消失。由于当时无法测量单一细胞的动作电位和静息电位，也不能够精确地测量细胞内 K^+ 的浓度，因此，膜学说长期以来就是一种假说。赫胥黎与霍奇金最初的目的是要验证膜学说，最后却否定了膜学说，建立了离子学说。

20 世纪 30 年代，霍奇金和赫胥黎利用蟹的神经纤维和枪乌贼的巨大神经纤维，对膜电位的特性和功能进行了深入的研究。他们把蟹的神经纤维放在油中，用示波器观察膜外的电位变化，结果发现了一个令人震惊的静息电位现象，即动作电位的电压值超过静息电位。按照博斯坦的膜学说，动作电位的电压值充其量与静息电位相等，不会大于静息电位。真的存在这一现象吗？为了确定这一现象的存在，霍奇金与赫胥黎首先改进了实验手段，用刚发明不久的玻璃微电极插入枪乌贼巨大的神经纤维内部，直接测量神经静息电位纤维膜内外两侧的电位差，以代替过去那种利用膜损伤间接测量膜电位的方法。

应用上述改进的新方法，霍奇金和赫胥黎第一次测定了细胞膜两侧的静息电位，发现静息电位与计算所得到的 K^+ 平衡电位非常接近。但是，当他们刺激神经时，又一次记录到很高的动作电位，其电位值可以达到静息电位的一又三分之一倍以上，并且，膜两侧电位差的方向在短时间内倒转过来，变成了膜外带负电荷，膜内带正电荷（静息状态时正好相反），这一现象被称为超射。

20 世纪 50 年代，霍奇金等人应用科尔（Cole）等人创立的电压钳技术，人为地把膜电位固定在不同的水平，并且用药物阻断钠离子通道或者钾离子通道，单独测量钠离子电流或者是钾离子电流在各种膜电位时的变化，由此推断神经纤维膜对钠离子和钾离子的通透性的大小。他们证实了动作电位的上升主要是神经纤维膜对钠离子的通透性的增加，使得膜外的钠离子大量内流，形成了膜的去极化，以至超射；而动作电位的下降（复极化）则是由于神经纤维膜对钾离子的通透性增强，使膜内的钾离子大量外流，形成了膜的复极化。由此，他们证明了动作电位是神经元的跨膜电位变化，是膜对钠离子、钾离子通透性变化的结果。神经元就是通过这样的电脉冲（动作电位）与其他神经元通信，并且作用于体内的各种肌肉和腺体。

这些工作构成了关于动作电位形成的离子学说的主要的基础，此后，这一学说不断地被更多的实验事实所支持，从而取代了博斯坦的膜学说。

五、条件反射学说

诺贝尔奖获得者、俄国的生理学家伊凡·巴甫洛夫（Ivan Petrovich Pavlov, 1849—1936）是最早提出经典性条件反射的人。

最初，巴甫洛夫仅仅是一位实验生理学家，专注于消化系统的研究。19 世纪末的一天，在研究胃反射的时候，巴甫洛夫注意到了一个奇怪的现象：没有喂食的时候，狗也会分泌胃液和唾液。比如，在正式的喂食前，如果狗看见喂养者或者是听见喂养者的声音，就会分泌唾液。巴甫洛夫认为，在没有食物的情况下狗也会分泌唾液一定有什么原因。一个最为明显的解释就是：狗"意识到"进餐时间快到了，正是这个念头刺激狗分泌唾液。然而，巴甫洛夫一直很反对心理学，因而也就不愿轻易采用这种猜想。巴甫洛夫以生理学家的眼光提出了自己的解释，他认为这完全是个生理学现象：狗是由于看见或听见刺激（经常喂食的人）而在大脑里面产生一种反射，这种反射引起了"精神性分泌"。但这些跟唾液和胃液并没有直接关系的刺激，是在什么时候以什么方式引起分泌反应的呢？巴甫洛夫并不大清楚。于是，从 1902 年开始，他开始对这一现象进行研究，由此开始，他的整个后半生都从事这方面的研究。

听见喂食者的声音或者看见喂食者的形象，这两种刺激很显然都与分泌唾液这种反射行为没有直接的联系，它们又是如何引起这一反射行为的呢？为了研究这一问题，巴甫洛夫设计了这样的实验：在喂食之前先是出现中性刺激——铃声，铃声结束以后，过几秒钟再向喂食桶中倒食，观察狗的反应。起初，铃声只会引起一般的反射——狗竖起耳朵来，而不会出现唾液反射。但是，经过几轮实验之后，仅仅出现铃声，狗就会分泌唾液。巴甫洛夫把这种反射行为称为"条件反射"，把铃声称为分泌唾液这一反射行为的"条件刺激"；把食物一到狗的嘴里，唾液就开始溢出这种简单的不需要任何培训的纯生理反应称为"非条件反射"，将引起这种反应的刺激物——食物称为"非条件刺激"。

巴甫洛夫和他的助手们变换了各种形式来验证"条件反射"的存在。他们变换了中性刺激，在喂食前使灯光闪动，或者在狗可以看见的地方转动一个物体，或者某个可以碰触到狗的物体，或者是拉动狗圈上的某个部位，总之，各种可以被狗感受到的中性刺激都试过了。他们甚至还尝试了改变中性刺激与喂食之间的间隔时间，结果都证明了条件反射的确是存在的。

巴甫洛夫还提出了"暂时性联系接通"来解释条件反射建立的神经机制。他认为，条件刺激和非条件刺激在大脑皮层的代表区之间建立了功能联系，大脑皮层是条件反射形成的部位。之后，巴甫洛夫还研究了人类的条件反射，创立了两个信号系统学说。他把人和动物共有的信号系统，即人和动物的大脑皮层都能够在来自身体内外的无数中性刺激与有限的非条件反射之间建立起暂时性的联系，同时，人类具备动物不具备的第二信号系统，既人类有语言。

尽管巴甫洛夫提出的"暂时性联系接通"被证明是错误的，条件反射的形成也不一定非要有大脑皮层的参与不可，然而巴甫洛夫条件反射学说却是深远地影响了实验心理学和脑科学的研究，他创立的动物条件反射实验范式至今仍然被广泛地用于学习和记忆的神经机制研究。

图7-1 巴甫洛夫

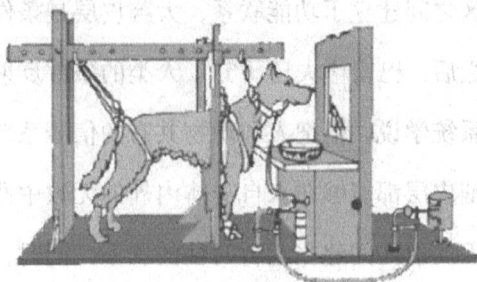

图7-2　条件反射的实验装置

六、对脑的认识历程

众所周知，人之所以成为万物之灵，有别于其他物种，是因为人类有着极其复杂的大脑。对脑的认识经历了漫长的历程。长期以来，科研人员一直都难以窥探这个神秘的"黑箱子"。

（一）灵魂、意识和思想的中心是心还是脑

早在5000年前的古埃及，医生就知道脑损伤会导致许多病症。然而，人们一直都相信，灵魂和记忆的所在是心，而不是脑。心是灵魂、意识和思想的中心，这种观点一直流行，到希波克拉底时代才受到挑战。

希波克拉底，被西方称为"医学之父"。他首先睿智地认为，脑不仅仅是感知的器官，而且也是智力的中枢。但是，他的这个超时代的观点并没有被广泛地接受。因为在那个时代人

们普遍接受的还是心是灵魂、意识和思想的中心。连著名的古希腊哲学家亚里士多德也笃信心是智力的中心。非常巧合的是，在古代中国，人们也认为心是灵魂的中心。即便在现代，我们也还是有这种观念的烙印，例如，用心去爱、用心去想、用心读书、记在心上等。

那么到底是心还是脑决定人的思维和意志呢？古希腊医生盖伦（Galen，约130—200）通过临床实验观察，证明了希波克拉底的观点。盖伦是医生、自然科学家和哲学家，是继希波克拉底之后的古代医学理论家，他在1世纪时创立了医学和生物学知识的体系。他的学说在2世纪至16世纪被奉为信条，对西方医学的影响很大。他虽没有解剖过人的尸体，但是解剖了多种动物（包括猴子）。作为一名医生，他亲眼目睹了脊髓和脑损伤带来的不幸后果，所以他相信脑是思维和意识的中心。通过解剖实验，盖伦还发现了大脑和小脑这两个差别十分显著的结构：大脑非常软，位于头颅的前部；小脑非常硬，位于头颅的后部。据此，盖伦推测大脑是感觉的接受区，而小脑是控制肌肉运动的命令中枢。事实上，现代的脑科学证明了大脑的很大一部分是和感知功能联系在一起的，大脑还是记忆存储的地方，而小脑则基本上是运动控制中心之一。盖伦的推测虽然是错误的，但是得出的脑是思维和意识中心的结论是正确的。

人类普遍接受了脑是思维、意识的活动中心之后，紧接着困扰人类的新问题是：脑是如何工作的呢？

（二）神经是电线还是血管

盖伦曾经做过一个切开脑的实验，发现脑内部有空洞（称之为脑室），里面充满了液体。他认为：感觉的接受或者运动的发动，都是体液经过一条条的神经流入或者流出脑而实现的，而神经犹如血管，是体液流通的管道。盖伦关于脑的理论流行了大约15个世纪。那么神经是否如当时人们一贯认为的那样，就像血管一样能够传输液体呢？17世纪和18世纪，由于生物电的发现，人类对脑的认识又前进了一步。

（三）生物电的发现

1678年，荷兰生物学家斯威莫尔登（J.Swammerdan，1637—1680）用蛙的肌肉做了如下实验：把肌肉放在玻璃管内，用一根银丝和一个铜棒去触及肌肉，结果是，这样可以引起肌肉的收缩活动。不过，这个现象在当时并没有引起人们的注意。1771年，伽尔瓦尼（Luigi Galvani，1738—1798）重复了这个实验。他用蛙的腓肠肌标本来研究神经肌肉放电现象。实验中，他把蛙放在桌子上，在蛙的附近放一台静电发生器和一个莱登瓶（一种聚电器）。当用镊子碰一下蛙的坐骨神经后，奇迹发生了，蛙的肢体产生了一次迅速的收缩。同时发现，在这一瞬间那台机器的导线上出现了火花。后来，伽尔瓦尼又发现，如果用两种金属导体在肌肉和神经之间建立回路，肌肉就会颤抖，即收缩。于是他认为，肌肉和神经上带有相反的电荷，这种收缩是由于从肌肉内部流出来并沿着神经到达肌肉表面的电流刺激引起的，这是第一次将电现象与生命活动联系起来。这一发现最终导致人们抛弃体液经神经流入或流出脑实现通信的理论。新的概念是，神经是"电线"，把电信号传出或者传入脑。

19世纪，随着进一步研究的开展，人类对脑的认识又取得了以下几方面重大进展：（1）将不同的功能区定位在脑的不同部位；（2）神经元是脑的基本结构和功能单位；（3）神经系统是进化的产物等。

（四）支配肌肉运动的电信号和传导皮肤感觉的电信号是否经由相同的神经"电线"双向传递

当一个问题解决的时候，更多的新问题就又出现了！支配肌肉运动的电信号和传导皮肤感觉的电信号是经由相同的神经"电线"双向传递？还是经由不同的神经传递？这个问题引起了科学家极大的兴趣。19世纪初，苏格兰医生贝尔（Charles Bell，1774—1842）和法国生理学家马让迪（Francois

Magendie，1783—1855）用实验回答了这个问题。

贝尔是 19 世纪英国著名外科医师和解剖学教授，他用兔子做实验对神经系统进行了解剖研究。当时，人们对神经系统功能的认知还停留在想象和猜测阶段。贝尔发现，每一根脊神经都是由背根和腹根组成的，当刺激背根时相关的肌肉不运动，而轻微的刺激腹根就会引起肌肉的运动。1821 年，他在一篇论文中阐释了这种现象——脊神经的背根和腹根不仅仅在解剖学上有差异，而且功能也迥然不同：背根的功能是感觉，而腹根的功能是运动。可是他的这一伟大的发现当时在英国并没有引起足够的重视，甚至于被嘲笑。

可喜的是，1822 年，法国杰出的生理学家马让迪通过大胆的活体解剖实验和明晰的推理，进一步阐明了贝尔的发现。他发现，背根是把皮肤感觉信息传入脊髓的神经，由于腹根和背根在离开脊髓不远处要合并起来成为一条神经到达肌肉和皮肤。因此，可以得出结论：一根神经可以由许多的"电线"混合组成，其中一些"电线"把从皮肤感受到的信息传入脊髓，另一些"电线"把信息从脊髓传出至肌肉。在每根感觉或者运动"电线"（神经纤维）上，信息的传递则是绝对单向的。人们为了纪念贝尔和马让迪的杰出贡献，把这些发现称为贝尔法则或者贝尔—马让迪定律。

脊髓的背根和腹根行使不同的功能使得贝尔意识到：脑内不同部位可能也具有不同的功能。

1823 年，法国生理学家弗卢朗（Marie Jean Pierre Flourens）应用实验性损毁的方法，发现小脑的确在运动协调中起重要作用，而大脑则是参与感知功能，正如贝尔和盖伦所认为的那样。不同的是，弗卢朗的结论是建立在坚实的实验基础之上的。

（五）大脑两半球的机能是否是一致的

19 世纪 60 年代以前，人们一直认为人类大脑两半球的机能是相同的。直到 1860 年，法国的布罗卡（Pierre Paul Broca，1824—1880）的一个研究发现才证实人类大脑两半球的机能有差异。

1860 年，布罗卡观察了一个特殊的病例：这位患者尽管发音器官正常，也可以理解语言，但不能说话，也不能通过书写表达思想。后来对其尸体解剖后发现，患者的左半球额叶后部有一损伤区，但是右半球正常。布罗卡后来又研究了 8 个相同疾病的患者，发现他们都是大脑左半球这个区域受损，现在把这个区称为布罗卡区。这些发现使得他在 1864 年宣布"我们用左半球说话"，是人类大脑左半球优势的第一个证据。

1869 年，英国的 Jackson 提出了大脑的皮质存在支配身体不同部位的运动代表区。

1976年，德国的Wernicke发现一个与语言有关的皮质区，该区损伤后可导致感觉失语症。

此后相当长的一段时期内，人类一直都认为大脑的左半球是优势半球，右半球是从属的。但是近一些年来，人们发现了许多非语词性功能，如空间的辨认、音乐才能和对复杂图形的目视识别能力、情绪的表达等，右半球占优势。至此，左半球优势的概念才得到了修正。对这一概念做出重大贡献的科学家是斯佩里（R.W.Sperry，1913—1994），他进行了著名的裂脑人研究。1981年，斯佩里因这个领域的研究而获得了诺贝尔生理学或医学奖。

适宜的实验材料或研究对象的选择和使用是科学发现的重要前提。斯佩里以裂脑人为实验对象，通过巧妙的实验设计，证明了大脑左右半球在一些高级功能上的不对称性，而这种不对称现象在正常人中是不易被发现的。

斯佩里从20世纪40年代就开始用猫和猴子做实验——切断大脑两半球间的连接，观察动物的反应。20世纪60年代，他在同医生合作对癫痫病人做两半球割裂治疗时观察到：两半球的分工不同，各自具有相当的独立性。两个半球分别具有高级智慧功能，但是语言机能主要在左侧。当外界视像进入左半球时，可以用语言表达出来；当外界的视像进入右半球时，则不能用语言而只能够以手势来表达。斯佩里这一工作改变了人们原来对大脑功能区的看法，引起了人们的重视。

（六）学习如何发生、记忆如何存储和读出

学习和记忆是脑的基本功能，学习如何发生，记忆如何存储和读出是脑科学的核心问题。在过去的几十年中，关于记忆的研究在行为、系统、细胞和分子等不同的层次、不同水平上展开，取得了重大的进展，使记忆成为第一个可能被阐明的精神机能。坎德尔（Erickandel，1929—）因发现学习和记忆的机制与另外的两名科学家分享了 2000 年度的诺贝尔生理学或医学奖。

坎德尔以海洋软体动物海兔的神经系统作为实验模型，研究学习和记忆过程中突触是如何被修饰的。他发现，突触蛋白的磷酸化对短时记忆的形成十分重要，而长时记忆的形成必须要有新的蛋白质合成，造成突触的形态和功能的改变。

坎德尔最初研究哺乳动物的学习和记忆，但是他意识到哺乳动物的情况太复杂，难以得出对记忆的基本过程的结论。因此，他决定找一种更简单的实验模型，后来，他选择了海兔。海兔的神经系统比较简单，神经元的数目相对要少（大约 20000 个），其中很多神经元的细胞体非常大，甚至不用显微镜就能够加以辨别。更重要的是，海兔具有习惯化和敏

感化两种形式的学习和记忆。

坎德尔发现，敏感化的短时记忆是由于喷水管感觉神经元突触前末梢的 K^+ 通道被磷酸化，使得到达的动作电位的时程变长，更多的钙离子进入突触前末梢，导致突触递质释放量的增加，在控制缩鳃的运动神经元上引起更大的兴奋性突触后电位（EPSP），结果使得缩鳃反应增强。而 K^+ 通道的磷酸化，就是尾部短暂的电击令中间神经元释放 5—羟色胺，5—羟色胺作用于感觉神经元突触前末梢上的受体，通过格林加德所描述的 G 蛋白信号转导机制来实现。因此，短时记忆只需要现有蛋白质的磷酸化即可。

更强、更长时间的刺激将导致可持续几个星期的长时记忆。强刺激使得第二信使分子 cAMP 水平升高，激活蛋白激酶 A，使得蛋白激酶 A 的催化亚基分离出来。催化亚基进入细胞核，使得反应因子结合蛋白磷酸化，从而启动基因的表达和蛋白质的合成，用于装备突触。其结果是，突触形状变大，数量增多，造成长时程的突触功能的提高。如果蛋白质的合成被阻断，长时记忆的形成就被阻断，而短时记忆则不会受到影响。由此可知，长时记忆需要启动新的蛋白质合成，而 CREB 则是短时记忆向长时记忆转化的分子"开关"。由此，坎德尔证明了海兔的短时记忆和长时记忆都位于突触。20 世纪 90 年代，他还对小鼠进行了研究，证明海兔短时记忆和长时记忆的突触机制，同样发生在哺乳动物中。

坎德尔发现的记忆机制也同样适用于人类，也就是说，人类的记忆也可以说是"位于突触"。在不同类型的记忆形成过程中，突触功能的改变是关键因素。尽管理解复杂记忆功能的道路还很长，坎德尔的研究结果毕竟提供了关键的基础。现在，人们可以研究复杂的记忆是如何在脑内储存的，研究如何才能够回忆起以前发生的事件。我们现在已经理解了记忆形成的细胞和分子机制的许多重要方面，因此，开发新型药物来改善正常人的记忆，以及治疗不同类型的健忘症已经成为了可能。

当前，脑科学研究最重要的发展趋势是把对神经活动的认识推向细胞和分子水平。另一个重要的发展趋势是强调以整合观点来研究神经系统的功能。脑科学研究的内涵决定其研究必然是多层次的，其基本的问题是：脑如何感知？如何学习与记忆？如何思维？如何理解语言？如何产生情感？而这些问题从根本上说，是脑的整合性功能的体现。

七、激素的发现

激素是由内分泌腺释放的一种微量而高效的、能够调节机体多种生理功能和代谢活动的化学物质，它作为细胞的"化学信使"，由体液传递。人类对化学信使的科学认识首先是从促胰液素开始的，它的发现者是两位英国生理学家斯他林（E.H.Starling）和贝利斯（W.M.Bayliss，1860—1924）。

在19世纪末，巴甫洛夫已被世界公认为现代消化生理学的奠基人。早在1888年，巴甫洛夫发现了迷走神经可以支配胰液的分泌，如果把盐酸放进狗的十二指肠，也可以引起胰液分泌明显增加。他认为，这个反射的传入神经和传出神经都是迷走神经。可是，实验中切除迷走神经以后，进入十二指肠的盐酸照样能够使胰液的分泌增加。这会不会是交感神经在起作用呢？于是接着把交感神经也切断，发现盐酸还是能使胰液的分泌增加。面对这一现象，巴甫洛夫坚持认为神经有直接的调节作用。他把小肠切断，把十二指肠游离出来，再把所有的神经都剥离干净，没想到一旦灌入盐酸胰液分泌还是增加。可是，巴甫洛夫还继续坚持认为是神经调节的结果，只不过是这种神经实在剥离不出来，他为这种生理现象起了一个名称叫"顽固性神经反射"。以后，巴甫洛夫的两个学生也在实验中发现了这一现象。

法国人泰默（Wertheimer）进行了更为关键性的实验：把实验狗的一段游离小肠袢的神经全部切除，只保留动脉和静脉与其他的部分相连。当把盐酸溶液输入这段小肠袢后，仍然能够引起胰液分泌。但他也仍然坚信这个反应是"局部分泌反射"。

这是当时传统的神经论主导思想，也是巴甫洛夫及其学派特别信仰的思想。由于他们都拘泥于巴甫洛夫"神经反射"这个传统概念的框框，最终失去了一次发现真理的机会。

斯他林和贝利斯对这个问题怀有极大的兴趣。1900年，他们以崭新的思想方法设计了实验：把一条狗的十二指肠黏膜刮下来，将黏膜与稀盐酸混合加砂子磨碎，再将液体中和过滤后注射给另一条狗，结果这条狗的胰液分泌量明显增加。无论如何，总不能说两条狗之间也有神经联系吧。但对这个实验，也有不少人持有不同的意见，巴甫洛夫就强烈反对。他们不畏压力，又经过了两年，1902年斯他林和贝利斯一起证实了促胰液素的体液调节作用。当酸性食糜进入十二指肠，肠黏膜细胞就分泌促胰液素，经血液运输到胰腺而促使它分泌更多的胰液。

促胰液素是内分泌学史上一个伟大的发现，它不仅使人类发现了一种新的化学物质，而且发现了调节机体功能的一个新概念、新领域，动摇了机体完全由神经调节的思想。它证明了除神经系统外，机体还存在着一种通过化学物质的传递来调节远处器官活动的方式，即体液调节。

为了寻找一个新的名词来称呼这类"化学信使"，斯他林于1905年采纳了同事哈代（W.B.Hardy）的建议，创用了"hormone"（激素）一词，用来指促胰液素这一类无导管腺分泌的特殊物质。Hormone源于希腊文hormon，是"刺激""兴奋""奋起发动"的意思。从此便产生了激素调节这个新的概念。

（一）胰岛

1. 胰岛

1869年，德国解剖学家朗格汉斯在用组织学染色方法观察兔的胰腺时发现，胰脏内除了有很多的腺泡以外，在显微镜下还可以见到既没有泡腔，又没有分泌管的像小岛似的细胞群，他把这些神奇的细胞群叫作"胰岛"。人的胰脏中的胰岛可以多到一百万个，数目之多可以说明胰岛都是较小的细胞群。胰岛含有三种分泌细胞，分别称为A、B、D细胞，A细胞分泌的激素是胰高血糖素，B细胞分泌的激素就是胰岛素，这两种细胞的数目比例约为1:3，D细胞分泌的激素是生长激素抑制素。

2. 糖尿病与胰岛素

糖尿病是人类早有记载的疾病。我国古医籍中的"消渴症"实则是糖尿病，因其典型临床表现是多尿、多饮、多食而得名。这些症状的出现都是由于血糖含量过多。血糖增多，超过肾脏的阈限，结果尿中有葡萄糖，尿量也因为不断地排葡萄糖而增加，于是患者有渴感、嗜饮。严重时可以出现脱水现象。由于葡萄糖的损失过多，各种细胞得不到足量葡萄糖，蛋白质和脂肪酸被利用转化为葡萄糖，但是这些葡萄糖大部分又被肾脏排出，如此不断地消耗使得患者体重下降。并且，脂肪氧化使得体内积累了很多未完全氧化的脂肪酸，统称为酮体。酮体是酸性的，可以严重干扰体液的 PH，引起酸中毒。糖尿病患者也常常因酸中毒而死亡。

虽然人类对糖尿病已经早有认识，但是直到 17 世纪，才有一名英国人威利斯提出，糖尿病患者尿内含有一种类糖物质。在很长一段时间内，医学界一直认为这种物质是人体以外的异物，只是在疾病状态下才会在体内合成。1857 年，法国的生物学家贝尔纳发现，人的肝脏内含有糖原，他还在实验中发现，动物在患某些疾病时血液中的葡萄糖含量增加，并且由尿排出。贝尔纳的发现是糖尿病病因实验研究的起点，此后，人们逐渐弄明白了胰脏与糖尿病的关系。

1886 年，两位德国生理学家梅灵（G.Mering）和明可夫斯基（O.Minkowski），为了研究胰脏的消化作用，将狗的胰脏用外科手术切除，结果狗的尿量大增，并于 10—30d 之内死亡。他们同时还发现，切除胰脏后，狗排出的尿招引了许多的蚂蚁，而正常狗的尿并不招引蚂蚁。分析狗尿，发现切除胰脏的狗尿中含葡萄糖很多。由于手术后狗出现的症状和人的糖尿病症状很相似，他们于是推想，人糖尿病的病因可能是胰脏出现了问题。由于他们这一偶然的发现，人们的注意力就被引向胰脏与糖尿病的关系上了。

那么，到底是胰脏的哪一部分与糖尿病有关呢？1893年，法国生理学家将一条狗的胰脏切除，再从该狗的胰脏上剪下一小块组织，埋植于它的皮下，这条狗就不再患糖尿病了。当时已经知道胰脏能分泌含有多种酶的消化液，胰液通过胰液导管释放入肠道，促进食物消化。胰脏组织埋植实验表明，与糖尿病有关的并非胰腺的外分泌物质胰液，因为埋植的胰脏组织块已不具有外分泌功能，所以，发生作用的，可能是不经胰腺管进入肠道而直接进入周围血液循环的内分泌物质。此后的胰液管结扎实验进一步证明，是胰脏中的胰岛与糖尿病有关。

胰脏有一个特点，即结扎胰液管后，胰脏的有管腺部分就逐渐萎缩而失去功能，但是胰岛不萎缩。据此人们做了结扎胰液管的实验，结果表明，结扎胰液管的狗不发生糖尿病。由此可知，胰脏的有管腺部分与糖尿病无关，因而糖尿病可能是由于胰岛发生病变引起的。

1916 年，英国组织学家沙比谢菲尔首先将这种由胰岛产生的，可能与糖尿病有关的物质命名为胰岛素。1922 年，加拿大多伦多大学的班廷和贝斯特将狗的移液管结扎，待胰腺萎缩，只剩胰岛保持正常时，将胰脏切下，用等渗盐水制成滤液，将滤液注射给切除胰脏的狗，结果狗不出现糖尿病症状，而未接受注射的狗则发生了糖尿病。用胚胎时期的胰脏制成提取液注射，可以得到相同的效果。由此可见，胰岛中含有防止糖尿病的物质，胰脏的有管腺部分不含防治糖尿病的物质。

总之，从 1886 年到 1921 年，科学家们进行了 400 多次的实验，试图证明胰脏内分泌物的存在。大多数实验都集中于制备胰脏提取物，然后注射给由于去胰脏而患糖尿病的狗或者注射给糖尿病患者。许多研究者的报告非常有趣，但是收效甚微，成功最后属于加拿大年轻的生理学家班廷。

3.胰岛素的发现者班廷

班廷 1891 年 11 月 14 日生于加拿大安大略的阿利斯顿，1941 年 2 月 21 日在纽芬兰的东海岸不幸因为飞机失事殉难，年仅 50 岁。18 岁那年，班廷就进入多伦多大学医学院，毕业后，班廷在加拿大的安大略郊区开了一个诊所。诊所的事情并不多，所以班廷还在大学兼任一些课程的教学，同时从事医学研究。

1920年10月底，班廷备课时遇到了糖代谢的问题，这是一个和胰腺有关的题目。当时人们已经知道胰岛中存在着胰岛素这种物质，但是胰岛素的提取非常困难。年轻的班廷是一个非常认真的人。他一口气翻阅了好几本教科书，但是里面有关这方面的内容都不多，也有许多的问题班廷根本解决不了。

第二天就要讲课了，班廷想要到图书馆去碰碰运气，有一本新的杂志引起了班廷的注意，其中的一篇《胰岛与糖尿病的关系》记载着这样的事实：以实验的方法结扎胰液导管或因胆结石阻碍胰液导管，都会使得胰液组织萎缩，而胰岛却保持完好无损；这种胰脏完全排除了胰液外分泌，却不发生糖尿病。看到这里，班廷兴奋极了。这不正是获取胰岛素的好方法吗？为了免于遗忘，他立即在笔记本上记下了实验设想：结扎狗的胰腺导管，等待6到8周，使得胰腺萎缩，再用萎缩的胰脏提取液来治疗糖尿病。

思想的火花常常就像闪电一样稍纵即逝，但是记录下来的思想火花经过实践，就会变成巨大的力量。

班廷决定尝试一下。第二天，班廷匆匆赶到多伦多大学医学院，去向著名的生理学家麦克劳德（J.R.Macleod，1876—1935）请教。麦克劳德是当时北美一流的胰脏生理和病理方面的专家。班廷只要说服他，就可以为自己进行实验创造必不可少的条件。班廷终于以自己的诚心打动了麦克劳德。

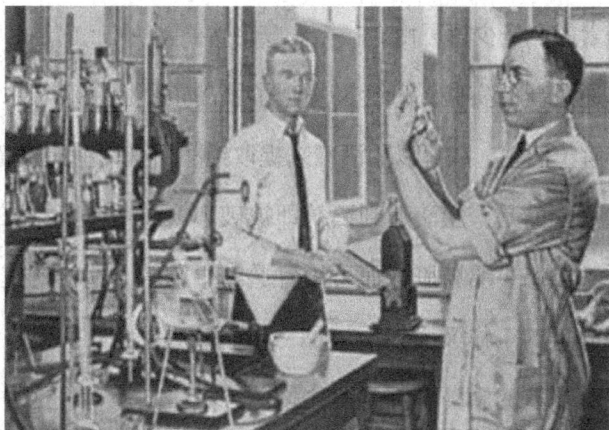

图 7-3　班廷在实验室

　　1921 年 5 月，在麦克劳德的支持下，班廷终于走进了多伦多大学医学院大楼，他有了 10 条供实验用的狗和一名实验助手，这位年轻的助手就是不满 21 岁的医学院学生贝斯特。两位年轻人是初生牛犊不怕虎，开始对糖尿病发起了冲击。经过反复的实验，班廷和贝斯特终于发现了胰岛提取物确实具有降低血糖，维持患糖尿病的狗的生命的作用。

　　提取胰岛素的研究初战告捷，但是采用的方法太过烦琐，提取获得的胰岛素量又少，离临床应用还有很大的一段距离。这时，班廷又通过查阅文献得到了新的启示。原来未满 5 个月的牛胎的胰脏不具有外分泌的功能，用它提取胰岛素，可以使得步骤简化，并且使得成本大大降低。但是牛胎的胰脏只有在屠宰场才能够得到，胰脏容易受到杂菌的污染，而且胰岛素的产量少得可怜。

通过新的实验，班廷又发现了胰岛素不但溶解于水，还能溶解于酒精，故可以用酒精来提取纯净而且无菌的胰岛素；更为可喜的是，胰酶遇到酒精即被破坏。故用酒精提取胰岛素时不必用牛胎胰脏，而可用普通的牛胰脏，这样就使得提取胰岛素的工作又大大推进了一步。最后一道难关是：从牛的胰脏提取的胰岛素都含有大量的异种蛋白质，将这种胰岛素注射给糖尿病人几乎都会出现比较强烈的"异种蛋白质反应"。班廷无法解决这一问题，只得再次请教麦克劳德。麦克劳德应班廷的要求增派了一位助手——生物化学家科利普（J.B.Collip），并且扩大了实验的规模。班廷接受了麦克劳德的指导，运用酒精提取牛胰脏，并设法将混杂在胰岛素内的异种蛋白质除掉。至此，将胰岛素应用于临床的条件已经成熟。

1922年，班廷等人将自己制备的胰岛素试用于第一位糖尿病患者。这是一位14岁的小男孩，他患糖尿病多年了，曾经以控制饮食治疗，不但无效，反而变得更加虚弱，血糖含量很高，尿中也含有糖，呼出的气体带有烂苹果般的气味。这些都是糖尿病的典型症状。班廷给这个病孩注射了胰岛素，每天两次，为期一个月，结果病情大为好转。不过，皮下注射胰岛素虽然取得了降低血糖和尿糖的疗效，但是局部出现了严重的脓肿，从而妨碍了进一步的临床应用。班廷及其助手又按照麦克劳德提出的方案，使用空气挥发法将提取物中的酒精挥发掉，从而浓缩了其中的有效成分。此后，班廷又接连用类似的方法治疗了6个成年患者，都获得满意的结果。1922年3月，班廷发表了自己的研究成果。

班廷的出色工作和卓越贡献使得千百年来人类治疗糖尿病的梦想终于变成了现实。1923年，班廷和麦克劳德获得诺贝尔生理学或医学奖。

（二）胰岛素研究进展

胰岛素是体内唯一的可以降低血液中葡萄糖，即血糖浓度的激素。食物中的淀粉在消化道淀粉酶和双糖酶的作用下，变成了葡萄糖。葡萄糖吸收进入血液后，一方面被体内的细胞作为能源物质消耗利用，另一方面暂时不用的可以被体内的肝细胞和肌肉细胞贮存起来，以备急用。胰岛素通过促进这两个过程的进行，使得血糖的含量降低。如果体内缺少胰岛素，多余的血糖就会通过肾脏生成的尿液排出，使得尿液变成有甜味的液体，这就是我们常说的糖尿病。

1922年,班廷、贝斯特和麦克劳德提取出胰岛素治疗糖尿病。

1926 年，美国阿贝尔提取胰岛素，得到了胰岛素的结晶。

1953 年，英国的生物化学家桑格和他的同事测出了胰岛素分子的氨基酸序列，使得胰岛素成为第一个确定了氨基酸序列的蛋白质。

1958 年，我国科学家进行了人工合成胰岛素的研究。人工合成蛋白质对化学、生物学甚至哲学以及未来的工农业、医学实践等都具有重大的理论价值和实际意义。然而在当时，对于中国科学家来说，要实现人工合成胰岛素的创举并不是一件轻而易举的事。

人工合成胰岛素实际上分为三部分：胰岛素 A 链与 B 链的拆合；A 链的合成；B 链的合成。中国科学家花了很多时间，于 1965 年 9 月 17 日首次用人工的方法合成了具有全部蛋白质活性的胰岛素，这是集体智慧的结晶，是一个具有重大意义的伟大创举。人工合成胰岛素的成功，开创了使用人工合成方法研究蛋白质结构与功能关系的新途径，为人类探索生命的奥秘迈出了极其重要的一步。

1978 年，美国加州大学的科学家首次利用基因工程生产出人的胰岛素。过去胰岛素的生产主要是从猪、牛胰腺中分离提取的，然而用于临床治疗的动物胰岛素，长期使用容易使人产生免疫排斥，其产量也受到猪、牛饲养量以及其胰腺收集量的限制。过去生产 100g 精制的胰岛素需要用 725kg 动物的胰腺组织，现在利用细菌生产胰岛素，只需要 2000L 发酵液即可得到，从而大大降低了成本。基因工程生产人胰岛素的产量大、纯度高、效果确切、无毒副作用，在产品的品质、生产数量上均比以往采用的方法生产胰岛素具有明显的优势。能够取得这一成就，要感谢美国的分子生物学家科恩和博耶等人：他们于 1973 年首次利用大肠杆菌在体外进行 DNA 分子的重新组合，并且重组 DNA 可以进入受体细胞，外源基因可以成功表达（这标志着基因工程的诞生），这样就使得基因工程生产胰岛素成为了可能。

第八章　进化论的形成

物种是如何形成的呢？物种为什么会如此多种多样？在对这些问题的解释中，形成了多种的观点。后来逐渐地形成了进化思想。

古代的进化思想是笼统的、含混不清的。文艺复兴之初，自然科学工作者所追求的还是动植物形态的、分类的一般知识，以后才注意到动植物的构造、发育和生理，对物种起源（origin of species）的研究就更晚了。

一、分类学的起源与物种概念的发展

分类学起源于实际的需要，目的是要把各种各样的动物、植物按照它们的异同，有规则地排列起来，以便利用。在分类工作中就会使人想起各种动植物之间的亲缘关系。

早在古希腊时期，亚里士多德就提出了"属"和"种"

两个分类学术语。他主张用动植物的多项特征来确定生物之间的天然的界限，而不像柏拉图那样搞简单的两分叉法。可惜的是，亚里士多德的原则并没有能够引起人们的重视，一直到17世纪，生物的分类，或者按照动植物名称的字母顺序，或者按照与人类关系的相对的重要性来编排次序。随着时间的推移，人们又发现了许多新的物种。因此，找到一个规律对大量的似乎是凌乱无序的动植物进行分类变得非常迫切。

自然分类法的代表人物是英国生物学家约翰·雷（J.Ray，1627—1705）。他是一位神父，年轻时体弱多病，经常自己配几味草药来进行治疗，也许就是这段经历引发了他对植物的兴趣。尽管生活穷困，但雷后半生仍然致力于自然史的研究，他的著作内容广博，形式多样，包括道德格言、神学小品文、名著手册以及论述民间传说和自然科学的论文。他怀着一颗虔诚的心，着手完成了亚当未竟的给动植物命名的工作。在《普通植物史》一书中，约翰雷不仅描述了当时所知道的植物的形态、特点、分类和分布，而且还提出了把物种作为分类的基本单位。

林奈（Carolus Linnaeus，1707—1778）是一个分类学家、植物学家、昆虫学家、动物学家和物理学家，他作为博物学家的任务是完成亚当的未竟之业：给动植物命名，潜心体会上帝的杰作，并且对他的创造大业表示钦佩。尽管雷的工作在某些方面可能远远不如林耐，但是他的目标比林奈更加明确，他更加严格地将命名法和分类学定义为生物学的基本内容。青少年时期的林奈就对传统的学习、学校和老师不感兴趣，也不愿意像他父亲一样做一名乡村牧师。起初林奈对植物学和自然科学有兴趣，之后他又跑到了兰德和乌普萨拉学习医学。然而这个时期林奈做的最重要的事情就是到拉普兰进行了一次大范围的野外考察并且搜集了动植物的标本。在这次野外的考察中，他还收集了人类学方面的资料，并且遇见了未来的妻子（他的病人）。他们两个订婚八年以后才结婚，因为他的未来岳父在他没有获得医师资格前不同意他们结婚。

图 8-1 卡尔文·林奈

林奈是现代分类学的创始人，1735 年出版了重要著作《自然系统》。他的分类系统是从纲开始，一个纲分成若干目，目又分成若干的属，属又分成若干的种。他将种视为分类的基本单位，认为同种生物性状相同而且相互能够交配繁殖，而且认为同种生物是完全相同的。林奈一生中几乎始终认为物种自从上帝创造出来以后就是静止不变的，丝毫不赞同进化思想，由于他的分类系统与自然界中种系发展的顺序正好是相反的，而且由于他坚持认为种是静止不变的，因而从某种程度上推迟了自然分类系统的建立(分类系统从物种开始)。

林奈死后近100年，达尔文的进化论提出来之后，自然分类系统的建立才真正成为可能的事情。林奈觉得自己最重要的工作是研究了"解释造物主真正的足迹"的植物生殖过程，对于许多今天看来是平淡枯燥，丝毫没有煽动性的内容，他却是沉醉于用诗一般的语言加以描述，他使用了植物的爱情和婚礼，用花瓣铺成的新娘的床。对植物性别的描述，他使用了只有在描述人类时才使用的语言，例如纯洁的爱情等。

林奈死后，一座国家纪念碑为他而建，他在安葬时得到了只有皇族才能够获得的荣誉。但他所搜集材料的所有权问题引起了争论，对瑞典来说是不幸的，因为林奈的搜集物已经卖给了一个英国人。据说瑞典曾经派出一艘军舰企图把它追回来，但是英国船逃掉了。1829年，这些材料归伦敦林奈学会所有。

　　布丰是与林奈同时代的法国博物学家，在他内容广博、文笔优美的著作中，布丰巧妙地触及了许多危险的禁区，表达了自然界的进化思想。他嘲笑林奈的人为分类体系过分简单和武断，在他看来，自然界的万事万物基本上是连续分布的，并不存在明显的间断性，所谓纲目科属种纯粹是人为引进的，它们并不比地图上的经纬线更加真实，在自然界中，只存在单个的个体和成批的个体。所以，在分类学上，也只能通过增加分类等级的数目来达到其较高的真实性。

　　林奈倾向于关注物种的某一特征，特别注意植物的繁殖器官，如植物的花；而布丰却强调鉴别物种时要考虑物种各个部分的特征，包括物种的内部解剖、外部的形态、行为、生态和分布。林奈认为物种与物种之间是不连续的，布丰则通过研究发现了物种之间存在着联系，换言之，物种与物种之间可能是连续的。布丰虽然没有提出分类系统，但是他的分类学思想对于后人建立自然的分类系统有很大的影响。尤其是对拉马克进化思想的影响更为明显。他认为，物种是这样一些动物的组合，它们之间是通过杂交来产生可育后代的，而不会产生不育的杂种。在骡子这个例子上，他看到了检验某个个体是否属于同一物种的实际可用的方法，因此马和驴不是同一物种。

二、达尔文之前的进化观

布丰深入钻研了比较解剖学，发现某些动物存在着不完善的、没有用处的和退化的器官，这逐渐地削弱了他关于物种不变的信念。因为，如果所有的物种在创世时就已经完善地设计过，并且自创世以来从来没有发生过改变的话，那么这些器官怎么会存在呢？他提出了生物是变化的，这些变化是退化式的，从完美到不完美。他认为类人猿有可能是人退化的，而驴和斑马可能是马退化的结果。布丰还猜测到了生物变异与环境的相互关系，提出了物种可能拥有共同祖先的观点。特别值得一提的是，布丰最早认识到人在身体方面的许多特点与动物非常相似，可以把人作为自然的一部分，通过科学的方法进行研究。达尔文评价他是"近代第一个以科学精神对待物种起源问题的学者"，但也指出，他的思想在不同的时期经常动摇不定，是进化论的一个非常靠不住的同盟者。

到了19世纪末，科学家可以比布丰更加自由地研究物种的变化。第一个提出生物进化论的，当推法国的博物学家拉马克（Lamarck，1744—1829年），但拉马克又是18世纪所有进化论思想倡导者中最遭到误解的一个。拉马克家中有 11 个孩子，他年龄最小。但是因他的哥哥们相继去世，最后他竟然成为了家中唯一的孩子。不幸的是，家中并没有大量的财富遗留给他。作为一个没有什么财产可以继承的年轻人，拉马克被送入一个耶稣会学校学习当教士。拉马克 16 岁时，正值七年战争末期，他的父亲去世了，他得到了一笔钱，这笔钱刚够买一匹马。骑上这匹马他去参军了。根据拉马克家族成员的描述，在一次战役中，他所在的连队的所有军官都已经阵亡，他担当起了指挥的任务。由于作战非常勇敢，他很快得到了提拔。但才 22 岁，他就因为疾病而被迫退伍。退伍后，他来到了巴黎，开始学习医学、植物学和音乐。

1778 年，拉马克出版了一部广受欢迎的《法国植物志》。1793 年皇家花园改名为国家自然博物馆，拉马克和圣提雷尔（Etienne Geoffroy Saint Hilaire，1772—1844）却被新组建的国民议会任命为动物学教授。这两个人把整个动物界分成了两部分，圣提雷尔讲脊椎动物部分，拉马克成了昆虫、蠕虫和微小动物方面的教授。尽管拉马克是一位卓有成就的科学家，但是他仍然十分谦虚，一直过着孤独而贫困的生活。他结过四次婚，但是四个妻子相继去世，他也看着自己的大部分孩子离开了人世。1817 年他双目失明后不得不放弃了教授的职位。1829年他死于巴黎。去世后他被埋葬在一个贫民的墓地中，遗骨被扔进了一条沟里，和那些无名的不幸者混在一起。

根据研究植物学的分类原则，拉马克从最低等的动物开始，逐级分类，构筑了一个比较科学至今仍在生物学界广泛使用的动物的分类系统。他一方面继承了林奈划分的前四类动物：哺乳动物、爬行动物、鸟类和鱼类；一方面又提出了无脊椎动物的分类系统，将无脊椎动物分为十类，即软体动物、环毛类、甲壳类、蜘蛛类、昆虫类、蠕虫类、水螅类、放射虫、纤毛虫等。

1801年，拉马克出版了《无脊椎动物分类系统》，在书中，拉马克创造了"生物学"这个词，提出了"脊椎动物"和"无脊椎动物"的概念，并且通过严密精确的分类方法，指出了所有生物都相关联，其初始形态较为简单，以后则越传越复杂；生物形态并非一成不变，而是按照遗传表现出非常缓慢的变化。同年，拉马克在讲座中第一次比较明确地提出了生物是进化的观点，这些观点后来写进了他1809年出版的《动物哲学》，在《动物哲学》中，拉马克用两种相辅相成的观点来阐述进化思想，第一种是天生的因素，即生物生来就具有一种内在的朝着增加结构复杂性方向进化的趋势；第二种是后天的因素，即促进生物从简单向复杂进化的环境影响。

如果环境是静止和稳定的，第一种因素就推动着进化过程的发展。当环境改变了，动物就会被迫做出新的努力，逐渐产生结构上的变化。

拉马克认为，经常使用或不使用身体的某一部分器官，会相应地引起该器官力量的变化，并且导致该器官体积上相应地增大或减小。只要这些变异是产生后代的两性亲体所共有的，那么这一切就能够通过生殖而传给后代，这就是所谓的用进废退、获得性遗传。比如：涉水鸟的腿是由于腿老是伸展而形成的，水禽足趾之间的蹼膜则是由于游泳时足趾的伸展而形成的。一个最著名的例子是长颈鹿。拉马克设想，远古时期某种爱吃树叶的羚羊，为了吃到更多的树叶，便不断地伸长脖子、舌头和四肢，在这个过程中，脖子、舌头和四肢都会伸长一些，这一变化通过生殖而传给了后代，日积月累，古代的羚羊就变成了今日的长颈鹿。

拉马克指出，人类和猿类在解剖学上结构相似，但在智力和体质上，人类却具有明显的优越性，这种优越性是在极其长远的年代中，人类对这两种能力的使用不断增加而遗传下来的。

拉马克的学说无疑是超前的，人们广泛地议论他，但是几乎没有人相信他。当拉马克把出版的《动物哲学》送给拿破仑时，拿破仑公开嘲讽他"荒唐""可笑"。就连他举荐成名的动物学家居维叶，也极力反对他的观点。在逆境中，拉马克仍然孜孜不倦地进行他的动物学研究。由于用眼过度，77岁的拉马克双目失明，但是他还是凭借着顽强的毅力，在女儿柯莱利的帮助下，完成了11卷本《无脊椎动物自然史》的写作，这部著作以其系统、全面、详尽，成为了该领域的扛鼎之作。

图8-2 拉马克 **图8-3 居维叶**

动物学家居维叶是拉马克举荐成名的，但是居维叶也极力反对拉马克的观点。出生于法国巴塞尔的居维叶（Cuvier）是比较解剖学和古生物学的创始人，他从小就是一个神童，他4岁上学，14岁考入德国斯图加特大学攻读生物学专业，毕业后回到了法国，成了诺曼底大学的一名助教，主要从事海洋生物的分类研究。他和盖伦一样，从来没有解剖过一具人的尸体，却在事业上获得了成功。居维叶被誉为"第二个亚里士多德"，他很快便成为了一个富裕而又有名望的人。

居维叶最富有创造性的工作是比较解剖学的研究，他对许多不同动物类群的分类关系进行了改进。他最突出的研究是在哺乳类和爬行类的化石方面，把现存生物的形态结构、器官及其功能的知识结合起来，运用到了对化石的分析中，他用小块化石复原动物形态和功能的技能和知识，引导了现代古生物学的创立。在巴黎附近的第三纪的地层中，曾发现过非常有趣的哺乳类和爬行类动物的化石。为了了解这些化石动物的结构和功能，居维叶系统地考察了巴黎附近发掘的古生物的化石。由于化石的数量少，质量差，零碎多，因此，要理解化石形态的含义比较困难，居维叶则运用系统性这一原则，十分神奇地从化石碎片中推知其他的部分，从而复原成完整的动物体。有一次，居维叶从巴黎郊区采来一块古生物的化石，只有一颗牙齿露在化石的外面，其余的部分都被岩石覆盖着。居维叶仅从这颗牙齿就断定这是负鼠的化石，并且立即将负鼠复原图形绘出。人们小心翼翼地用刀和针剥去外面的岩石后，果然发现了一具完整的负鼠的化石。

居维叶在这方面的能力常常使得同时代的人目瞪口呆，有一天深夜，居维叶正在实验室里解剖动物，忽然，实验室的门被打开了，闯进了一头形状凶猛的怪兽，它的头上长着角，张牙舞爪地要吃居维叶。开始，居维叶确实是吓了一跳，可是当他凝神看了一眼后，就镇定自若地对这头怪兽说，你这头上长角的家伙只会吃草，怎么能吃我呢？不要来吓唬我。原来这头怪兽是居维叶的学生搞恶作剧装扮的，而居维叶根据器官相关的原则，认定了头上长角的动物，其消化道只适宜于消化植物，因此是不可能吃人的。

居维叶在比较解剖学上的超人才华，又很快展现在古生物学领域上。古生物学的所有证据都在化石中，而化石往往又是残缺不全的，这就需要比较解剖学的方法。居维叶驾轻就熟，着手将别人以及自己亲自搜集的化石进行了复原。在先后辨认并且复制了150多种已经灭绝的哺乳类动物的化石的基础上，居维叶写下了《化石骸骨的研究》一书。

大量化石的辨认，在某种程度上开辟了一个古生物化石分类的新领域。居维叶发现，虽然古生物与现存生物并不完全类似，但依然可以将所有动物分成四个门：脊椎动物门，包括哺乳类、鸟类、爬行类和鱼类，全部都有脑；软体动物门，包括章鱼、蜗牛、牡蛎等六类动物；节肢动物门，包括海虾、蜘蛛、昆虫和蠕虫类，全部具有两个腹索所组成的神经系统；辐射动物门，包括辐射状对称性动物，没有神经系统。居维叶的分类主要是按照动物内部的神经系统进行的，这比仅仅从外表特征进行分类要更为合理。居维叶指出了，自古以来一直存在这四个动物门，外界环境无力改变这四个动物门的基本类型，所以动物物种是固定不变的。

居维叶认为，在不同的时期，不同的地点，地面上总是不断地发生着灾变，例如海底上升、洪水的泛滥等，当某个地区发生灾变时，这一地区的一切生物类型都会完全灭绝。当灾变停止，自然界又恢复于平静以后，其他地区的生物又慢慢地迁移到这一片荒漠之地。如果迁移来的生物是原来的物种，那么这些物种就可以延续下去；如果迁移来的生物是原来没有的物种，那么在下一次地质灾变后，在不同的地层中就会形成不同的生物遗骸。居维叶推测，在历史上共发生过四次大洪水，其中最近的一次就是《圣经》上所说的发生在五六千年前的诺亚洪水。

其实，居维叶主张的灾变不是全球性的大灾变，而是局部的灾变。局部的灾变灭绝了一个地区的全部生物之后，就有可能从别的区域迁来另一些生物。居维叶的学生多宾尼和阿卡席兹则发展了居维叶的灾变论，提出了全球性大灾变的设想。居维叶认为灾变能够引起动物发生剧烈的形态变化。他一直坚持自己的这种观点，强烈反对并且抨击主张进化论的拉马克和圣提雷尔，但是他在比较解剖学和古生物学上富有创造性的工作，为研究生物的起源及进化的规律提供了理论的依据，使人们对物种的不变性产生了疑问。

三、达尔文的工作和他的进化学说

拉马克的进化论提出来以后，并没有引起社会的重视。就连达尔文（C.R.Darwin，1809—1882）也认为物种是不变的，而且都是神创造的。达尔文于1809年2月12日出生于英国希罗普郡，其祖上有许多是维多利亚时代的知名人物，而他自己在年轻时却不是一个很有希望的人，智力在一般水平之下，除了打鸟、玩狗和抓老鼠外，什么也不会干。

达尔文后来被送到爱丁堡去学习医学，但是不久表明了他的性格根本就不适合当医生。如果说解剖学和拉丁文课程还只是使他感到厌烦的话，那么出血的情景则使他感到非常不舒服。当时他看到一些不进行麻醉和消毒即进行的手术，他确信，医生这个职业是个"兽性的职业"。他父亲认为查尔斯·达尔文没有可能成为一名可敬的医生，但是有另一个最好的职业就是牧师，其实他父亲自己是一个怀疑宗教的人。虽然达尔文顺从地开始学习神学，但是他对学习的态度和对职业的规划并没有改变。在英国皇家军舰"贝格尔号"上当个不取报酬的自然学者的机会改变了达尔文的一生。"贝格尔号"的航行从1831年12月开始，到1836年10月结束。对达尔文来说，这次航行就是一次伟大的经历，其决定性的影响在他一生中占有突出的地位。

达尔文是在经历了一连串奇怪的偶然事件和妥协后，才随着"贝格尔号"去进行考察的。原先这个机会曾经提供给其他更合适的候选人，他们拒绝后，才给了达尔文这个毫无经验的年轻人。当时，他既年轻又缺乏经验，地质学家亨斯罗（John Henslow）却推荐达尔文担任这一职务。然而达尔文的父亲却非常反对这个浪费时间的计划，幸运的是达尔文的舅舅用不同寻常的方式说服了老达尔文。"贝格尔号"终于在1831年12月17日满载着74人起航了。船上的膳宿设备极差，即使是供应船长和自然学者的膳宿设备也谈不上舒适二字。达尔文随着考察团，登高山，涉溪水，穿森林，过草原，搜集到了许多难得的动植物标本和古生物的化石。例如：水豚、美洲虎、美洲狮、南美的鸵鸟、智利的蜂鸟、福克兰群岛的狐、加拉帕戈斯群岛的蜥蜴、大龟等，都是以前没有人专门研究过的。

当"贝格尔号"沿着南美洲海岸向南航行时，达尔文注意到物种随着地理位置不同而变化的明显规律性：有亲缘关系的物种总是分布在临近的地域，随着距离的增大，一个物种为另一个物种所代替，两地距离越远，物种的差异越大。在加拉帕戈斯群岛上，达尔文发现这个群岛由10个小岛组成，每个小岛上的气候条件、土壤特性、地势高度基本上差不多，这些岛上的生物种类却是各不相同，即使同一物种，各岛也呈现出微小的差异，例如有一种地雀，它们之间十分相似，但是有不同长短的喙，有一种喙最长的地雀是查理岛和查塔姆岛所特有，其他8个小岛上都没有；有一种喙最短的地雀只有在詹姆斯岛上才有，其他地方都不存在。

物种的丰富性和连续性，使达尔文对自己一直信仰的上帝创造论产生了怀疑，为了创造这么多仅有微小差异的生物变种，上帝要花去多少的精力和时间？上帝难道会做这么不经济的事情？在回到英国时，达尔文似乎就已经得出了结论，生物和环境之间的协调一致并不是上帝的设计和创造，而是生物逐渐进化的产物。达尔文这一思想的转变，有两个人起了举足轻重的作用，一个是英国地质学家赖尔

（Lyell，1797—1875 年），另一个是英国经济学家马尔萨斯（Malthus）。远航前，亨斯洛曾建议达尔文带一些书在船上看，其中包括赖尔刚出版的《地质学原理》。在书中，赖尔用地球缓慢变化的渐进作用，代替了由于造物主的一时兴发所引起的突然行动，论证了地层变化与生物化石之间的关系，即地层年代愈久远，化石的生物原形与现代生物之间的差异愈大。达尔文接受了赖尔的观点，而且是十分自然地想到，既然地球是在缓慢地进化，那么生活在它上面的生物怎么能够固定不变呢？

1838 年 10 月，为了消遣，达尔文偶然读到了马尔萨斯的《人口论》，在书中，马尔萨斯指出，在任何的地方，生殖能力都超过了食物的供应能力，从而导致对于生活必须资料的激烈竞争。为了调整人口与食物之间的平衡，必定会发生饥饿、瘟疫和战争，以消灭过剩的人口。马尔萨斯关于人类为争夺食物所导致的灾难性竞争的观点，给达尔文留下了深刻的印象。他自然想到了，在自然界中，生物一定也存在类似的生存竞争，而且由于它们生殖能力更强，繁衍更快，这种生存竞争就更为激烈。

1839 年，达尔文与表姐艾玛结婚，定居在伦敦附近的乡间唐村。不久，他出版了环球考察的《旅行日记》，还与赖

尔合著了《在贝格尔舰航行中的地质学》，与生物学家欧文
合著了《在贝格尔舰航行中的动物学》。至此，达尔文关于
物种起源的理论已经基本形成。

1842 年 6 月，达尔文写出一份 35 页纸的关于生物进化
理论的提纲。两年后的夏天，他将这份简要的提纲扩充为
231 页的《物种起源问题的论著摘要》，这份摘要中以自
然选择为基础的生物进化论已经形成，但是达尔文感觉材
料还不够，论据还不够充分，并没有立即公开发表。直到
1856 年夏天，在赖尔竭力劝说下，达尔文开始著述《物种
起源》。

1856 年 6 月的一天，正当达尔文伏案疾书时，他收到了
青年生物学家华莱士（Wallace，1823—1913）从马来群岛写
出来的一篇论文，题目是《论变种无限地离开其原始模式的
倾向》，华莱士在这篇论文中，提出了"自然淘汰"在变种
形成中的作用，极为清晰地表达了达尔文二十多年来一直思
考着的生物通过自然选择而进化的思想，甚至遣词造句都与
达尔文的提纲相同。达尔文有点心灰意冷，打算停止《物种
起源》的继续写作，让华莱士的论文单独发表。赖尔和胡克
知道这件事后，主持了公道，他们提议，将华莱士的论文与
达尔文在 1842 年和 1844 年写的提纲放在一起同时发表。取

得华莱士的认同后，这篇题为《论物种形成变种的倾向，并论变种和物种通过自然选择方式的存续》的论文，在《林奈学会会报》上发表。

在赖尔和胡克的鼓励下，达尔文加快了《物种起源》的写作进度。他吸取华莱士论文写得简洁有趣的长处，决定减少素材，压缩篇幅。经过一年多的努力，终于完成了这部科学巨著，1859年11月24日，《论通过自然选择的物种起源，或生存斗争中的最适者生存》（简称为《物种起源》）正式出版了。

在《物种起源》中，达尔文广泛引证了生物在人工培养下的进化现象，得出了这样的结论：家养物种起源于少数几种野生物种，由于物种本身有遗传和变异两种性质，其中对人类有用的变异就在人工选择过程中被保留了下来，并且通过遗传传给后代，后代中又出现的变异则再一次被选择。这样，家养生物就沿着对人类越来越有用的方向进化。

从人工选择联想到自然界，达尔文认为，自然界同样也可以在一个相对缓慢得多的时间内，以其自然条件，创造出与各种环境相适应的物种来，而且由于自然条件具有地理上和历史上的多样性，自然界所创造的物种远比人工造就的要多得多。比如长颈鹿，其脖子这么长并不是它经常伸长脖子导致的，而是由于变异的缘故，有些鹿生来颈就长一些，这些长颈的鹿因为能够吃到更多的树叶，所以就更容易存活下来。漫长的岁月过去了，脖子变长的变异因素在生存竞争中总是保持着优势，因而不断地积累，终于形成了今天我们看到的长颈鹿。

《物种起源》一书的出版，在全世界引起了轰动。马克思和恩格斯对这本书给予了高度的评价，把达尔文的进化论称为"19世纪自然科学的三大发现之一"。1873年9月25日，马克思把德文《资本论》第一卷赠送给达尔文，10月1日，达尔文亲笔给马克思复信，感谢赠书。

不过，《物种起源》更多是受到了来自宗教方面的，甚至是来自科学界内部的批评。其中来自科学界内部的两个批评最令达尔文头痛，一个是英国物理学家开尔文勋爵（Kelvin）提出的地球年龄问题，他运用地球冷却原理计算出地球的年龄大约有一千万年，这个时间对于达尔文提出的通过不断地渐变引起整个进化过程所需的时间来说，显然是太短了，另一个难题是英国工程师詹金（Jenkin）提出的，他运用融合遗传学说的数学结果，指出一切新的物种都会被抑制。按照当时广为流行的融合遗传学说，一个新的突变体均会在与正常配对所产生的种群中完全被淹没。

图8-4 达尔文   图8-5 《物种起源》

这两个难题达尔文都没有更好的方法加以解决，使得达尔文被迫回到更接近于拉马克主义的观点上，在《物种起源》以后的版本中，尽管自然选择的论点从来没有被抛弃过，但是环境的影响以及器官用进废退的作用在进化中的地位变得更加重要了。实际上，达尔文的地球年龄计算忽略了地球内部的热量，因而计算值太小；而融合遗传问题，在1865年，奥地利植物学家孟德尔已经找到了解决的钥匙，遗憾的是达尔文错过了相识孟德尔的机会。

达尔文想让华莱士研究人类起源的问题，并且主动表示愿意为华莱士提供这个课题的有关资料和笔记。但是华莱士这位进化论的创始人根本就不同意将进化论推广到人类本身。达尔文只能自己动手，他先是讨论了下列三个问题：（1）人类是否像其他动物一样，是从某种预先存在的形式遗传下来的；（2）人类发展的方式；（3）所谓人种之间的区别有何价值。然后得出结论说："人是与某些较低级的古老物种一起从同一祖先进化而来的，人类的这些近亲现在已经灭绝了。"

围绕着进化论问题，社会上面闹得沸沸扬扬，但是达尔文是个不爱争吵的人，他一直避免任何形式的论战，宁愿待在唐村的家里研究新材料，修改完善进化理论。在晚年健康状况越来越差的情况下，仍然坚持工作，笔耕不辍。先后出版了《人类和动物的表情》《食虫动物》《植物界的自花和异花授粉》《同种花的不同形态》《植物的运动能力》《蚯蚓对土壤形成的作用》等。由于达尔文在科学上的巨大贡献，他获得了英国皇家学会的科普利奖以及欧美十几个国家、七十多个科学研究机构授予的各种学位、荣誉称号、奖章和奖金。

四、有关进化论的争辩

达尔文的慢性疾病和他坚决避免一切争论的个性，几乎影响了进化论的传播。所幸的是，达尔文有一些聪敏机智、特别好战的忠实信徒，比如赫胥黎（Huxley，1825—1895），海克尔（Haeckel，1834—1919）和斯宾塞（Spencer，1820—1903）等。他们在不同的公开场合，坚定地捍卫达尔文的进化学说。其中，赫胥黎以"达尔文的猎犬"而著名。赫胥黎最为有名的一场辩论，发生在 1860 年 6 月牛津大学召开的一次不列颠学会的年会上。这次会议争论的焦点是达尔文的进化论，而达尔文却引人注目地缺席了。赫胥黎开始也不打算参加，因为前几个月，他曾在著名的皇家研究院讲授达尔文的进化论，当时有两点出乎他的意料：第一，当他试着向人们展示生物进化的图景时，几乎是每个人对此都感到不可理喻；第二，在他企图动摇宗教对科学的控制时，他发现自己明显地处于教会人士的对立面。因此，当他得知教士们将在牛津大学主教威尔伯福斯带领下，集结牛津大学后，就想回避，以免招惹教会。后来被朋友们说服而出席了这次会议。显然会议的议题受到了人们极大的关注，700 多名听众把演讲大厅挤得水泄不通。在一片呼喊声中，牛津大学主教威尔伯福斯站了起来，先是煽动听众的宗教感情，将达尔文的进化理论攻击一番，然后转向赫胥黎，斯文地问道："赫胥黎教授，请问您是通过祖父还是通过祖母接受猴子血统的？"

赫胥黎知道，威尔伯福斯根本就不同意进化论，他神情严肃地站起来，先是向公众通俗地讲解了进化论是怎么回事，指出"关于人类起源于猴子的问题，当然不能够像主教大人那样粗浅地理解，它只是说，人类是由类似猴子那样的动物进化而来的"。然后，赫胥黎面向威尔伯福斯，言辞犀利地说："人们没有理由因为猴子是自己的祖先而感到羞耻，但是如果我有一个滥用才智、以花言巧语的偏见和错误来掩盖真理的祖先，我将会感到无地自容。"

全场顿时沸腾了，达尔文的支持者们喜形于色，欢呼呐喊。教士们则愤怒地振臂发泄，甚至有一位名叫布鲁斯特的贵妇人当场昏倒在地。

在将人类纳入生物进化的谱系方面，赫胥黎要比达尔文激进得多。他最早提出人猿同祖论，从而确定了人类在动物界的位置。1893年，他撰写的《进化论与伦理学》，被我国近代的启蒙思想家严复翻译成《天演论》，书中提出的"物竞天择、优胜劣汰"的观点，对正在半封建半殖民社会的漫长黑夜中沉睡的我国民众，产生了很大的警醒作用。

五、达尔文的困惑

自1859年达尔文《物种起源》出版后，虽然有过几次颇为激烈的争论，但是不到10年，大多数的生物学家不再怀疑生物进化的发生，社会公众也普遍接受了达尔文的物竞天择的理论。然而，就是这个曾经被恩格斯评价为"已经把问题解答得令人再满意没有了"的生物进化学说，却遇到了澄江动物群所揭示的寒武纪生命大爆发，并且对达尔文进化论的渐变说提出了质疑。

　　达尔文的进化论，可以分解为五个理论：（1）生物进化。这个理论认为，世界并不是稳定不变的，而是不断变化的，其中生物随着时间在发生改变。（2）共同由来。这个理论认为，所有的生物类群都是来自一个共同的祖先，所有的生物类群，包括动物、植物、微生物最终都可以追溯到地球上一个单一的起源。（3）物种增值。这个理论揭示了生物巨大的多样性的起源。（4）渐变理论。按照这个理论，生物的进化变化是通过群体的逐渐改变，而不是通过代表着一种新类型的新个体的突然产生。（5）自然选择。按照这一理论，进化变化的发生是由于在每一代中都能够产生出大量的遗传变异，只有很少的个体可以作为下一代而生存下来，因为它们具有非常适应的遗传性状组合。

　　澄江动物群的发现，主要是向其中的渐变理论提出了质疑。在进化论中，达尔文推崇"自然界不产生飞跃"的观点，把进化看成是一个稳定、渐变、连续的过程。按照达尔文渐变论的观点，在数十种门类的寒武纪动物化石之间，应该有数目极大的过渡环节和中间门类；在寒武纪之下的地层中应当有相当多的不同等级的多细胞生物的化石。

　　深感困惑的达尔文在《物种起源》的最后一版中写道："为什么整群的近似物种好像是突然出现在连续的地质各阶段之

中呢？虽然我们知道，生物早在寒武纪最下层沉积以前的一个无可计算的极古时期就在这个地球上出现了，但是为什么我们在这个系统之下没有发现巨大的地层含有寒武纪化石的祖先遗骸呢？因为，按照这个学说，这样的地层一定在世界历史上的这等古老的和完全未知的时代里，已经沉淀于某处了。"达尔文还提到："世界上现存生物和绝灭生物之间以及各个连续时期内绝灭物种和增加物种之间，都有无数连接的连锁已经灭绝，按照这一学说来看，为什么在每一地质层中没有填满这等连锁类型呢？为什么化石遗物的每一次采集没有为生物类型的逐级过渡和变化提供明显的证据呢？"

如何解释寒武纪生命大爆发现象？如何解释极大数目的中间类型的化石缺乏问题？达尔文在流露出"自然界好像故意隐藏证据，不让我们多发现过渡性中间型"的无奈之余，进行了积极的辩解，他在《物种起源》第十五章的"复述和结论"中写道："地质学这门高尚的科学，由于地质记录的极端不完全而损失了光辉，埋藏着生物遗骸的地壳不应该被看作是一个很充实的博物馆，它所收藏的只是偶然的、片段的、贫乏的物品而已。关于寒武纪地质层以下缺乏富含化石的地层一点，我只能说我们的大陆和海洋在长久时期内虽然保持了几乎像现在那样的相对位置，但是我们没有理由去假设永远都是这样的；所以比现在已知的任何地层更古老的地质层可能还埋藏在大洋之下。"

达尔文的解释是合乎理性的，但是更多的是一种猜测，是一种思辨，按照达尔文的思维逻辑，随着地质考古的不断发现，真正完整的化石记录一定会显示演变的存在，从而证明寒武纪生命不是"爆发"出来的，是"进化"而来的，并证明了寒武纪生命群与其他时期生物一样存在着同一祖先。

在达尔文以后120多年的时间里，世界各地广泛的地质探索所发现的化石整体，仍然无法解释1859年《物种起源》中不能解释的问题，用美国哈佛大学植物学家古尔德的话来说就是，绝大多数生物化石的历史都包含两个与渐进式的进化论有冲突的特点，（1）稳定性。多数物种在地球上生存期间，并没有发生任何进化或者退化的现象，它们在地质记录中出现和消失时候的外形几乎一样，形态的变化通常是有限的，而且没有方向性。（2）突然出现。任何新物种，都不是由其祖先类型经过稳定的转变产生出来的，物种是一下子出现的，并且已经完全成型。

恩格斯说过："进化论本身还很年轻，所以，毫无疑问，进一步的探讨将会大大修正现在的、包括严格达尔文主义关于进化过程的观念。"

第九章 现代生命科学发展趋势及热点展望

　　20 世纪后半叶生命科学各领域所取得的巨大进展，特别是分子生物学的突破性成就，使生命科学在自然科学中的位置起了革命性的变化。很多科学家认为，在未来的自然科学中，生命科学将要成为带头学科，甚至预言 21 世纪是生物学世纪，虽然目前对这些论断还有不同看法，但毋庸置疑，在 21 世纪生命科学将继续蓬勃发展，生命科学对自然科学所起的巨大推动作用，决不亚于 19 世纪与 20 世纪上半叶的物理学。假如过去生命科学曾得益于引入物理学、化学和数学等学科的概念、方法与技术而得到长足的发展，那么，未来生命科学将以特有的方式向自然科学的其他学科进行积极的反馈与回报。当 21 世纪来临的时候，一些有远见的科学家、思想家与政治家将日益严重的如人口、地球环境、食物、资源与健康等重大问题的解决，莫不寄希望于生命科学与生物技术的进步。

一、21世纪中生命科学的发展趋势具有以下几个特点

第一，分子生物学是生命科学的主导力量，分子生物学将进一步推动生命科学各分支学科的研究向分子水平深入发展，因而产生了分子遗传学、分子细胞生物学、分子神经生物学、分子生理学、分子分类学、分子生态学等，也就是在分子水平上，对细胞的活动、生长发育、消亡、物质和能量代谢、遗传、老的活动进化和分布等重要生命活动进行探索。第二，生命科学仍将是向最基本、最复杂的微观和宏观两级发展，但最终必须要把宏观和微观整合起来，把原子、分子、细胞、个体、群体、生态系统等生命不同层次，作为一个有机系统来进行深入的研究。第三，生命科学的模式发生了巨大的变化，今天的生物学是以单一的个体实验室的研究模式为主，随着大科学的实施，出现了大规模的跨单位、跨地区、跨国的联合研究和大型研究中心的集约型研究，这些新研究模式，将成为推动生命科学快速发展的主要动力，多个实验室之间的合作研究方式，已经成为当代生命科学的潮流。第四，生命

学家对生命的思考和认识有了新的角度，由于基因组真题性研究方法以及复杂系统理论的出现，和线性科学技术的发展，使生物学家的思想和方法都在发生改变，从局部观发展到整体观，从线性思维发展到复杂性的思维，从注重分析发展到分析与综合相结合。第五，生命科学的发展，越来越依赖于大型平行技术的发展，最突出的例子，就是第二序列的测定，通过机器人，通过自动仪器来分离 DNA，切割 DNA，自动测序研究基因的表达，甚至蛋白质的相互作用。发展机器人技术和用来控制仪器和数据分析计算机的程序，需要科学家的高超智慧。第六，学科的交叉是当代科学发展的一个趋势，也就是说在 21 世纪人们将要在综合性的一些跨学科的领域中继续找新的机会，在 19 世纪有一批物理学家、化学家的加盟，导致了分子分离学的诞生，当今物理学、化学、数学、力学、基础科学和生命科学的交叉、渗透和有机结合，将孕育着一项科学的大爆炸，据预测 21 世纪生命科学将发展成为新一轮的第二科学革命的中心，并将跨越物理世界和生命世界不可逾越的鸿沟，使之统一起来。第七，生命科学基础研究与应用研究的结合越来越紧密，研究成果向产业化转化的速度也越来越快，在分子生物学研究的初期，可以说大部分研究是在象牙塔里进行的，到了基因工程时期，基础研究就开始与应用研究或产业研究相结合，到了后基因组时期，许多在过去被视为基础研究的工种，一开始就与应用研究紧密联系在一起，例如一些商业公式把对序列测定以及蛋白质组学中的蛋白质分析所得到的数据，直接编为具有很高利润的商业数据库、基因或者蛋白质的信息，已经成为各大生物工程师追求的重要目标。

二、21世纪初生命科学的重大分支学科和发展趋势

20世纪80年代有远见的科学家把分子生物学（包括分子遗传学、细胞生物学、神经生物学与生态学）列为当前生物科学的四大基础学科，无疑是正确地反映了现代生命科学的总趋势。遗传学（主要是分子遗传学）不仅当前是生物科学的带头学科，在今后多年还将保持其在生命科学中的核心作用。

有些科学家早就预测到，由于分子生物学、细胞生物学与遗传学的结合，必然促进发育生物学的蓬勃发展，从而提出发育生物学将成为21世纪生命科学的"新主人"，这种预测已逐渐变为现实。分子生物学（包括分子遗传学）在生命科学中的主流地位，以及它在推动整个生命科学发展中所起

的巨大作用是无可争辩的。细胞是生命活动基本的结构与功能单位，细胞生物学作为生物科学的基础学科地位必须给予重视。很多生物科学家认为神经科学或脑科学的崛起将代表着生命科学发展的下一个高峰，然后将促进认知科学与行为科学的兴起。生态学可能是最直接为人类生存环境服务，并对国民经济持续与协调发展起重要作用的学科。

（一）分子生物学

分子生物学是在分子水平上研究生命现象本质与规律的学科。核酸与蛋白质（有人认为还有糖）是生命的最基本物质，因此核酸与蛋白质结构与功能的研究今后仍然是分子生物学研究的主要内容。蛋白质是生命活动的主要承担者，几乎一切生命活动都要依靠蛋白质（包括酶）来进行。蛋白质分子结构与功能的研究除了要阐明由氨基酸形成的并有一定顺序的肽链结构外，今后将特别重视肽链折叠成的特定的三维空间结构，因为蛋白质生物功能与它的空间构型关系极为密切，核酸是遗传信息的携带者与传递者，遗传信息由 DNA—RNA—蛋白质的传递过程，称为遗传信息传递的"中心法则"，是分子生物学（分子遗传学）研究的核心。真核生物基因表达过程在各层次上调节的研究仍然是今后相当长一段时间的任务。分子生物学的概念、方法与技术和各学科的渗透，正在形成很多新的学科，诸如分子遗传学、细胞分子生物学、神经分子生物学、分子分类学、分子药理学与分子病理学等。因此分子生物学在生命科学中的主导作用还将要持续下去。

（二）遗传学

遗传学比分子生物学更具有自己独立的学科体系。但现代遗传学与分子生物学是不可分割、相互交叉的两个学科，且很难截然分开。

有些著名的遗传学家把遗传学概括称为基因学，因为现代遗传学主要是研究生物体遗传信息传递与表达的学科。基因携带的信息是由基因的结构所决定，信息的表达是由基因的功能实现的，因此遗传学研究的是基因的结构与功能。从遗传学的角度看，所有生命现象的机制，追根究底都会与基因的结构与功能相关。因此遗传学在今后较长时间仍然是生命科学的核心学科和推动力。有人估计人体细胞内约有 10 万个基因，迄今弄清楚的不到 5%，所以与重要生命活动有关、与疾病有关的新基因的发现与阐明将是今后几十年的重要任务。

（三）细胞生物学

著名生物学家威尔逊（Wilson）早在 20 世纪 20 年代就提出一句名言"一切生物学关键问题必须在细胞中找寻"，至今还有着很深的内涵。魏斯曼与摩尔根都曾先后试图在细胞研究的基础上建立遗传、发育与进化统一的理论，虽然当时没有找到具体解决的途径，但关于细胞的知识在生物科学中的重要性是显而易见的。细胞是一切生命活动结构与功能的基本单位，细胞生物学是研究细胞生命活动基本规律的科学，细胞的结构、细胞代谢、细胞遗传、细胞的增殖与分化、细胞信息的传递与细胞的通讯等是细胞生物学主要研究内容。虽然今后细胞生物学研究的内容是全方位的，但概括起来可能是两个基本点：一是基因与基因产物如何控制细胞的重要生命活动，如生长、增殖、分化与衰老等，在此要涉及一个全新的问题——细胞内外信号如何传递；二是基因产物——蛋白质分子与其他生物分子如何构建与装配成细胞的结构，并行使细胞的有序的生命活动。

今后 20 多年，以下一些问题可望取得重要进展与突破：

① 遗传信息的储存、复制与表达的主要执行者——染色体的结构与功能可能在不同的结构层次上得到阐明。

② 细胞骨架（包括核骨架与染色体骨架）的研究将得到全方位的进展。

③ 细胞生物学与分子生物学、遗传学的结合，将在细胞分化机理研究方面有重要突破，为发育生物学快速发展奠定基础。

④ 细胞衰老与细胞程序化死亡的机理将在更深层次上阐明。

⑤ 以细胞分子生物学为骨干学科与其他学科结合，人工装配生命体的理想可能逐步实现。

（四）发育生物学

从一个受精卵通过细胞分裂与分化如何发育成为一个结构与功能复杂的个体，是至今未能解决的生命科学的重大课题，也是发育生物学的主课题。由于近几十年分子生物学、遗传学与细胞生物学所取得的一系列突破性成果与知识的积累，已为解决这一重大课题创造了条件，这也就是今后发育生物学飞速发展的原因。

发育生物学当今要解决的基本问题是细胞的基因如何按一定的时空关系选择性地表达专一性的蛋白质，从而控制细胞的分化与个体发育。阐明基因在多层次水平上控制胚胎的发育就不仅是涉及个别基因的问题，而是一系列调节基因在时空上的联系与配合，从而支配发育的程序。虽然这是难度极大的课题，但近年已初见端倪并有所突破。估计今后发育生物学将沿着这条道路深入下去，并可望取得丰硕的成果。

（五）神经科学（或脑科学）

神经科学是研究人与动物神经系统（主要是脑）的结构与功能，在分子水平、神经网络水平、整体水平乃至行为水平阐明神经系统特别是脑的活动规律的学科群。脑的结构与功能是无比复杂的高级体系，含有 1011 个细胞。它是感觉、运动、学习、记忆、感情、行为与思维的活动基础。大脑细胞如何指导人与动物的行为研究是未来生物学中最富潜力与最吸引人的领域；神经科学的崛起，预示着生命科学又有一个高峰的来临。神经科学或脑科学必然在 21 世纪促进认知科学与行为科学的兴起。因此各国政府投入巨资支持这一课题，包括美国总统签署的"命名 1990 年 1 月 1 日为脑的 10 年"不是没有道理的。

在今后几十年内可以预示到的神经科学突破性的进展可能包括：

① 在分子到行为的各层次上阐明学习、记忆与认知等活动的基础；

② 很快会发现与阐明一系列与记忆、行为有关的基因与基因产物；

③ 神经细胞的分化与神经系统的发育研究会有重大进展；

④ 脑机能在理论上的进展与突破（如模式识别、联想记忆、思维逻辑机理的阐明）会促进新一代智能计算机与智能机器人的研制；

⑤ 一系列神经性疾病与精神病的病因可望在神经生物学

研究中得到解释。

（六）生态学（包括物种多样性保护研究）

生态学是研究有机体与周围环境——包括非生物环境与生物环境相互关系的科学。由于生态学理论与应用是与世界环境保护、资源合理开发与保护，以至人类本身在地球上继续生存紧密相关的，尤其是在地球环境日益恶化的情况下，生态学的重要性就变得十分突出。未来生态学的主要任务是协调人类活动与环境的关系。所以生态学经典学科的概念与研究内容必然要适应人类生存环境的保护与社会经济持续发展的要求而不断改变。

今后生态学研究的重点可能表现在以下方面：

① 生态群落的多样性、稳定性和演变规律与人类活动的关系；

② 全球气候变化对生态系统结构与功能的影响；

③ 生物多样性的保护和永续利用也是在保护人类自身生存环境，尤其使拯救濒临灭绝的生物种类更加具有紧迫性；

④ 城市生态学与经济生态学将迅速发展；

⑤ 生态工程与生态技术将在国民经济建设中发挥作用。

（七）空间生命科学

空间环境向生命科学提出了新的挑战，也为生命科学的发展提供了机遇。21世纪人类的空间活动将要离开地球，探索月球及其他太阳系的物体。这就要求人在地球外各种环境中能长期地生活和工作，首先是在长期空间飞行器中、月球站以及火星或火卫站等生活，空间医学必须有重大突破，解决长期在地外空间所遇到的宇航员骨质疏松、肌肉萎缩和免疫功能变化等生理学难题，同时，与开拓大疆相关联的是受控生态系统，创造一个不需要外界补给，而使人们能在其中长期生活的环境。这些问题有希望在21世纪20—30年代解决，其中空间生理学问题有可能利用中医和中药的方法取得某些重大突破。

地球外层空间为研究重力生物学提供了理想的条件，重力条件对各种层次结构生物的影响仍然是21世纪重力生物学的主题，今后的研究重点将集中于细胞、绿色植物、一些微生物和小动物。特别是重力环境对哺乳动物细胞形态、结构、变异和基因表达的影响将是一个热点。重力生物学的学术意义在于揭示重力效应在生物进化过程中的作用，是自然科学的基本问题；另一方面，重力生物学的成果将是空间制药及空间生态系统等应用领域的基础，重力生物学的学术和应用都是21世纪的重要课题，可望在21世纪20—30年代取得突破性的进展。

地外生物探索是生命起源的重大课题，其中地球以外的智能生物探索是一个长期的课题。地球上的人类正在向外层空间发射电波和接收讯号。外星人与地球人之间可能存在的学术和技术差距不仅是一种危险，也是自然科学的重大前沿问题，将被持续地研究下去。

21世纪初生命科学最有可能突破的领域：

①与生命活动有关的重要基因与重要疾病有关的基因将被陆续发现，其中特别引人注目的是控制记忆与行为的基因、控制衰老与细胞程序性死亡的基因、控制细胞增殖的系列基因、胚胎发育多层次网络调节基因。新的癌基因和抑癌基因的发现与其生物学功能的释明将大大提高对生命本质的了解。

②人与动物的高级生命活动：感知、思维、记忆、行为和感情的发生与活动机制在脑科学研究突破的基础上，有更深的认识。

③癌症的治疗将有全面的突破，艾滋病的防治得到控制。

④在阐明地球上原始生命起源的基础上，人类还可能在实验室合成生命体，这种生命体应具有原始细胞的基本特征。

三、21世纪初生命科学的研究热点

生命科学研究不但依赖物理、化学知识，也依靠后者提供的仪器，如光学和电子显微镜、蛋白质电泳仪、超速离心机、X–射线仪、核磁共振分光计、正电子发射断层扫描仪等，举不胜举。生命科学也是由各个学科汇聚而来。学科间的交叉渗透造成了许多前景无限的生长点与新兴学科。美国《科学》杂志评出了2013年十大科学突破，其中生命科学就占了八项，这足以说明生命科学研究的发展速度。

1. 蛋白质组学：蛋白质组学研究也是当代生命科学的前沿热点。随着被誉为解读人类生命"天书"的人类基因组计划的成功实施，人类已初步掌握了自身的遗传信息。为了真正破译、读懂这部"天书"，各国科学家随即将生命科学的战略重点转到以阐明人类基因组整体功能为目标的功能基因组学上。蛋白质作为生命活动的"执行者"，自然成为新的研究焦点。以研究一种细胞、组织或完整生物体所拥有的全套蛋白质为特征的蛋白质组学自然就成为功能基因组学中的"中流砥柱"，构成了功能基因组学研究的战略制高点。

2. 功能基因组：随着人类基因组计划的实施和推进，生命科学研究已进入了后基因组时代。在这个时代，生命科学的主要研究对象是功能基因组学，包括结构基因组研究和蛋白质组研究等。尽管现在已有多个物种的基因组被测序，但在这些基因组中通常有一半以上基因的功能是未知的。目前功能基因组中所采用的策略，如基因芯片、基因表达序列分析（Serial Analysis of Gene Expression，SAGE）等，都是从细胞中 mRNA 的角度来考虑的，其前提是细胞中 mRNA 的水平反映了蛋白质表达的水平。但事实并不完全如此，从 DNA、mRNA 到蛋白质，存在三个层次的调控，即转录水平调控（Transcriptional control），翻译水平调控（Translational control），翻译后水平调控（Post-translational control）。

从 mRNA 角度考虑，实际上仅包括了转录水平调控，并不能全面代表蛋白质表达水平。实验也证明，组织中 mRNA 丰度与蛋白质丰度的相关性并不好，尤其对于低丰度蛋白质来说，相关性更差。更重要的是，蛋白质复杂的翻译后修饰、蛋白质的亚细胞定位或迁移、蛋白质—蛋白质相互作用等则几乎无法从 mRNA 水平来判断。毋庸置疑，蛋白质是生理功能的执行者，是生命现象的直接体现者，对蛋白质结构和功能的研究将直接阐明生命在生理或病理条件下的变化机制。蛋白质本身的存在形式和活动规律，如翻译后修饰、蛋白质间相互作用以及蛋白质构象等问题，仍依赖于直接对蛋白质的研究来解决。虽然蛋白质的可变性和多样性等特殊性质导致了蛋白质研究技术远远比核酸技术要复杂和困难，但正是这些特性参与影响着整个生命过程。

3. 干细胞: 干细胞研究更是当代生命科学的前沿热点。干细胞(Stem Cells)是一类未分化的细胞或原始细胞,是具有自我复制能力的多潜能细胞。在一定的条件下,干细胞可以分化成机体内的多功能细胞,形成任何类型的组织和器官,以实现机体内部建构和自我康复能力,由于干细胞具有特定的分化潜能,表现其全能性、多能性和专能性,近几年来世界各国科学家对干细胞的临床应用研究已取得很大的进展。

干细胞是目前细胞工程研究最活跃的领域,随着基础研究、应用研究的进一步深化,这项技术将会在相当大程度上引发医学领域的重大变革,它已成为21世纪生命科学领域的一个热点。造血干细胞是最早发现,研究最多和最先用于治疗疾病的成体干细胞,长期以来,一直认为干细胞只属于造血系统,随着对干细胞的不断深入研究,近年来,几乎在所有组织中都发现了干细胞,干细胞生物学和干细胞生物工程已成为继人类基因组大规模测序之后最具活力,最有影响和最有应用前景的生命学科。在我国,党和政府也十分重视并大力支持有关研究院所与学校积极开展这项研究工作和成立专门研究干细胞基地,已在北京、上海、天津分别成立干细胞研究中心。

近年来北京大学、协和医科大学、上海二医大和军事医学科学院等单位在造血干细胞研究和成体干细胞建库等方面已有相当的基础，并积累了大量经验，相信我国的科学家在不久的将来，在干细胞生物工程研究上必将取得辉煌成就。另外，在全球的干细胞生物工程研究中，由于胚胎干细胞来源于人类胚胎，必然会遇到来自社会各方面的制约与争论，因此，有些国家对于是否支持干细胞的研究，一直是一个颇有争议的问题，然而随着干细胞生物工程研究的不断深入与发展，相信这些问题都会得到的妥善解决。

4. 细胞凋亡：近年来，有关细胞凋亡的研究飞速发展，并有所突破。对 caspases 系列的研究将更深入，caspases 上游基因和下游的作用底物及各种协作因子将一一被阐明。促 caspases 因子和拮抗因子将制成药品推向市场，由于对有关疾病产生细胞凋亡机制的深入了解，并找出其特异性，可应用于疾病的防治，成为治疗学研究的新领域。因此，细胞凋亡理论和实践的研究将有广阔的天地。

5. miRNA：miRNA 在细胞分化、生物发育及疾病发生发展过程中发挥巨大作用，越来越多地引起研究人员的关注。随着对于 miRNA 作用机理的进一步研究，以及利用最新的例如 miRNA 芯片等高通量的技术手段对于 miRNA 和疾病之间的关系进行研究，将会使人们对于高等真核生物基因表达调控的网络理解提高到一个新的水平。这也将使 miRNA 可能成为疾病诊断的新的生物学标记，还可能使得这一分子成为药靶，或是模拟这一分子进行新药研发，这将可能会给人类疾病的治疗提供一种新的手段。

6. 基因芯片：基因芯片技术是伴随着人类基因组计划的实施而发展起来的生命科学领域里的前沿生物技术。它最显著的特点是高通量、高集成、微型化、平行化、多样化和自动化。经过十几年的发展，基因芯片技术也在不断完善、成熟，并广泛运用于生命科学的各个领域。

7. 生物能源：21 世纪是生物的世纪，是科学技术飞速发展的新世纪，可持续发展是当前经济发展的趋势所在。面对化石能源的枯竭和环境的污染，生物能源的开发利用为经济的可持续发展带来了曙光。生物能源作为可再生、污染极小的能源，具有无可比拟的优越性，必将为 21 世纪的经济发展和环境保护注入强大的推动力。

第十章　生命科学史的教育价值

一、生命科学史揭示了人们思考和解决生物学问题的思想历程

生命科学史是一部思想史，它揭示了人们思考和解决生物学问题的思想历程。这些思想是受当时的文化背景和科学技术水平制约的，生物学新知识的产生，都需要首先从思想方法上有所突破。

"物种是演变的"思想的确立就是对"物种是不变的"思想的突破。人类对生命个体发育的探究历程也体现了思想方法上的突破。这些事实反映了思想氛围影响着人们对事物的认识，如果当时的思想氛围是不科学的，就会导致人们对事物的错误认识。反过来，人们通过对事物的科学探究，获得对事物的正确认识，又会改变人的思想，进而改变思想氛围，

使人们对事物的认识产生一次飞跃。

生命科学史展示了科学家所处的时代背景，记录着科学家的思想以及思想转变，而科学家的思想以及思想转变与他们从事的科学探究是密切相关的。这对学习者形成正确的思想具有积极的教育意义。

二、生命科学史展示了生命科学各个学科形成的历史

生命科学史展示了生命科学各个学科形成的历史，它能够从整体上告诉我们各个学科是在解决什么问题的过程中发展起来的，还能告诉我们各个学科之间的联系。这有助于研究者发现尚未解决的问题和需要进一步解决的问题，有助于学习者建立知识点之间的联系，建构完整的知识结构。

遗传学的建立和发展经历了细胞遗传学、群体遗传学、微生物遗传学和分子遗传学等阶段的发展。如果孟德尔不运用数学知识对数据进行统计分析，就不能发现遗传规律；如果没有细胞学的发展，萨顿和鲍维里就不能认识到遗传因子与染色体之间的联系；如果塔特姆不精通微生物知识，基因与酶之间的关系就不能建立起来。总之，如果不依靠各方面的知识，就不可能打开解决问题的思路。

遗传学是在解决遗传的规律是什么、遗传物质是什么、遗传物质具有什么结构、遗传物质如何复制和如何控制多肽链的生成等一系列问题的过程中发展起来的，环环相扣，知识体系相当清晰。如果我们在学习中能够循着这样的线索展开，了解这一系列问题的解决过程，那么这一部分的知识结构就建构起来了，而且还可能联系到新的问题上去。

三、生命科学史揭示了自然科学的本质

生命科学史揭示了自然科学的本质。自然科学从本质上表现出以下特征：定量化、观察、实验、科学过程、在自我更正中完善和积累。

定量化的特点是将生命科学和数学结合在一起。孟德尔就是运用数学统计方法对实验数据进行统计分析，才发现分离和自由组合规律的；如果没有群体遗传学家对群体进行研究，建立数学模型，那么自然选择学说的机制也许就不会被揭示。只有对不同环境下获得的大范围的样品进行遗传方差的统计分析，才能将遗传引起的变异与环境引起的变异区分开。精确的定量化使生命科学成为人们公认的真正意义上的科学。

观察与实验是生命科学的基石。通过实验来研究事物，

特别是通过精确的对照实验来研究问题是自然科学的又一突出特征。在自然科学领域，实验是向自然界提出真正的、必须解决的问题，并且寻找答案的方法。实验方法首先在生理学领域得到运用。19世纪70、80年代，萨克斯（1832—1897）领导的植物学派，对生物学中实验方法的运用起了特别重要的作用。19世纪80年代，鲁（1850—1924）将实验方法引入原先注重描述性工作的胚胎学领域。通过胚胎学，实验方法又扩展到细胞学和遗传学，最后又扩展到进化论的研究中。到了20世纪30年代，大多数生物学领域，除了古生物学和系统分类学，都采用了实验分析和物理、化学方法而取得新进展。

生命科学史显示了产生每个知识点的科学过程。例如，20世纪初，萨顿和鲍维里在孟德尔遗传学以及19世纪末在染色体的变化、体细胞与生殖细胞的分裂等方面的成果上，提出了染色体学说，即（孟德尔所说的）遗传因子可能就在染色体上。但是当时拿不出证据证明他们的观点。直到1910年，摩尔根通过一系列实验发现，控制果蝇眼色的基因位于性染色体上，才证明了萨顿、鲍维里的假说。从"基因位于染色体上"这一知识点的形成过程，可以看到科学过程的步骤。

生命科学也是在自我更正的过程中积累和进步的。达尔文建立了以自然选择为核心的进化论，可人们在承认生物进化论的同时，却不愿意接受达尔文对进化原因进行臆想的方法，不满意达尔文对进化机制的解释。德弗里斯将实验方法引入对进化论的研究中，提出了"突变学说"，以此来解释达尔文的自然选择学说，在20世纪的前10年，得到生物学界的广泛接受。然而，1910年，果蝇遗传学的发展表明，果蝇群体中不断发生着突变，却没有产生物种的变化。1912～1915年细胞学的精确研究，沉重地打击了德弗里斯的学说，他所认为的大规模突变产生的性状实际上是已有性状的复杂重组。细胞遗传学，尤其是群体遗传学的建立，才阐明了自然选择的机制。19世纪40年代，在达尔文进化论的基础上，提出了综合进化论。在综合进化论盛行了多年之后，1968年，木村资生提出了"分子进化的中性学说"。1972年，埃尔德雷奇和S.J.古尔德提出了间断平衡论，引起了科学界的重视和研究。进化理论还在发展之中。

从进化论的发展可以看出，生命科学知识是在科学家对前人的结论不断质疑、不断证实的基础上进行自我更正的过程中积累起来的。了解生命科学史，对培养研究者和学习者的批判性思维是有积极意义的，同时也能使学习者正确认识绝对真理和相对真理的关系，从事实中提高哲学素养。

四、生命科学史是前人探究生物学知识的科学过程史

每一个知识点的产生过程，就是一个探究的过程。生命科学史就是前人探究生物学知识的科学过程史。总之，生命科学史中蕴涵了知识与过程的统一。（过程中包含着思维方式，如好奇心、求知欲、质疑、推理等；过程中包含着研究方法。）创造科学知识的科学家，哪一个不具备广博的知识呢？DNA双螺旋结构模型的建立，汇集了许多不同学科背景科学家的智慧，显示出知识是非常重要的，仅有沃森和克里克的知识也是办不到的。知识和过程是自然科学的两个维度，二者是统一的，不能割裂开来。没有知识基础怎么创新呢？

值得注意的是，新课程改革以来，已经指出了重结论轻过程的弊端，并且提出"新课程把过程方法本身作为课程目标的重要组成部分，从而从课程目标的高度突出了过程方法的地位"。然而如果把"突出了过程方法的地位"理解为重过程而轻结论，也是极端错误的，因为过程与结论不是对立的。在生物教学中二者必须兼顾并且统一起来。学习生命科学史是能够把结论和过程方法兼顾统一起来的有效途径之一，

这样做不仅有助于了解每个知识点的来龙去脉，而且从其中的一些典型事件中可以学习到前人的科学探究方法。

五、生命科学史展示了人们的合作过程

生命科学史展示了在探究知识的过程中，有相同研究方向的人们之间和有不同研究方向的人们之间的合作。

DNA双螺旋结构的问世充分说明了这一点。这个事实表明从事不同学科研究的人，掌握的知识和技术是不同的，而且不同学科背景的人带来了不同的思维方式（尤其是玻尔、德尔布吕克和薛定谔的思想为遗传学研究注入了新的活力，他们的思想极大地影响了沃森和克里克），他们的合作为解决问题提供了不同的思路，他们在解决问题中相互启发，相互补充，相互促进，同时共享了研究成果。

不同的教师也存在知识体系和经验的不同。尤其在知识爆炸的时代，知识更新的速度很快，老中青各层次的教师的知识结构差别会更大，而教师之间的合作可以弥补这种差别。因此，在生物学教学过程中，生物学教师要与同行合作，也要与其他学科的教师合作。这也启发学生必须重视每一科的学习，只有这样才能为终身学习、生活和工作奠定良好的基础。

六、生命科学史展示了各种观点的碰撞和论争过程

生命科学史展示了在探究知识的过程中科学家所持观点之间的碰撞和论争，在碰撞与论争中，知识得到不断澄清。

达尔文的自然选择学说发表不久，有人提出了"自然选择作用于哪一种变异"的问题，成为当时争论的焦点。达尔文认为选择主要作用于连续的变异类型上。早期的生物统计学家高尔顿（1822—1911）、皮尔逊（1857—1936）与达尔文的判断一致。到了19世纪末，贝特森用事实证明了环境虽呈现连续的变化，而生物的变异却是不连续的，这种不连续性受遗传的控制，而不受环境控制。1904年，在英国科学促进协会的会议上，贝特森与韦尔登进行了最后的争论，贝特森取得了胜利。针对由什么物质引起发酵的问题，李比希和巴斯德展开了争论。巴斯德提出酿酒中发酵是由于酵母细胞的存在，没有活细胞的存在，糖类是不可能变成酒精的；李比希坚持认为引起发酵的是酵母细胞中的某些物质，这些物质只有在酵母细胞死亡并且裂解之后才能发挥作用。1897年毕希纳用实验证明了李比希认为引起发酵的是酵母细胞中的某些物质的观点是对的，即使是伟大的巴斯德也有发生错误

的时候。

这些事实给予我们启示：在教学，尤其在生物学探究教学中，学生之间、师生之间和教师之间发生争论是正常的交流。新课程教学提倡这种交流，允许发表各自的观点，即便有错误也是正常的，关键是拿出证据去证实。

七、生命科学史展示了成功的实验与选择合适的实验对象是分不开的

孟德尔选择了豌豆；摩尔根选择了果蝇；细胞学说的创始人施旺选用具有相似于植物细胞壁的动物脊索细胞和软骨细胞；贝尔登和鲍维里在研究细胞分裂时，选择了马蛔虫细胞；沃尔弗（1733—1794）采用植物组织做研究材料研究生物的生长发育，由植物向动物推广；比德尔和塔特姆最终选择了红色面包霉做生化遗传学研究的材料；德尔布吕克、卢利亚和赫尔希组成著名的"噬菌体小组"，最终选择了病毒作为研究对象；瓦尔堡选择了正在进行细胞分裂的海胆卵进行呼吸速度的研究；悉尼·布雷内、罗伯特·霍维茨和约翰·苏尔斯顿（这三人是 2002 年诺贝尔生理学或医学奖获得者）最终选择了线虫来探索"程序性细胞死亡"的奥秘；科学家选择了拟南芥作为植物遗传研究的模式植物。

以上事例说明了选择合适的研究对象对解决问题非常关键。这些事实给予我们的启示是：1.基础教育阶段生物新课程中的探究教学，也涉及选择探究对象的问题，要解决好探究问题，必须先选择好探究对象；2.培养师资的师范院校开设的生物实验课，实验内容都是计划好的，实验对象也是预先规定好的，只要照着做就可以，这是标准式的"食谱式"的实验，做实验仅仅是为了验证已被肯定了的现象或者是学习一种标准的实验程序。在这种模式下，学生对"实验"会有兴趣吗？培养的师资能够适应新课程的教学吗？关注科学家筛选研究对象的做法，对于师资培养和进行生物学探究教学应该是有帮助的。

八、生命科学史呈现着科学家的科学态度、科学精神和科学世界观

科学态度就是实事求是；科学精神就是敢于怀疑、敢于求真、敢于创新；科学世界观就是要认识到世界是可知的，同时还要关注科技发展对社会的影响，养成负责任的态度。巴斯德（1822—1895）和伯格（1926—，DNA序列专家，1980年诺贝尔化学奖得主）的事迹充分体现了科学家的科学素养。

20 世纪的许多重大事件，证明了科技对社会具有两面性的作用越来越明显，生命科学的研究成果，可以造福人类，也可以制造生物武器给人类带来灾难。实际上，在日常生活中也是一样，我们每做一件事，不光要想到给自己带来的好处，还要想到会给他人和社会带来什么不便，甚至灾难。只有依靠科学的世界观，才能对事物做出判断并采取适当的个人行为。生命科学史中记载着科学家的生平事迹，从中挖掘科学家的科学态度、科学精神和科学世界观，把它们渗透到生物学教学中，对于培养学生的生物学素养乃至科学素养和人文素养都具有积极的教育意义。

重视生命科学史的教育价值是时代的呼唤。生物学教师必须具备生命科学史方面的素养。加强这方面的素养主要依靠两条途径来实现。其一，高等师范院校在本科生、教育硕士、研究生中设置相应课程；其二，可通过新课标培训、新教材培训以及教师培训等继续教育的各个环节来实现。同时呼吁从事生命科学史编撰工作的学者，不断把生命科学发展的最新进展纳入生命科学史的体系中。

第十一章 生命科学史的教育功能

生命科学史的功能有许多，比如为科技发展的决策部门提供参考，为科学家的科研提供灵感等，但生命科学史的主要功能还是在教育领域，它不仅能授给学生基本的科学知识，掌握一定的科学方法，更重要的是实现素质教育，培养学生的基本的科学素养和科学精神。因为有一定的科学素养已成为 21 世纪人才的基本要求，也是国家、社会得以良性发展的保证。

一、增加生物科学的故事性和趣味性，以激发学生的学习兴趣

生物学史的许多事件富有故事性，用这些历史故事能够提高学习的趣味性，可以给科学知识包上"糖衣"。追溯相

应的历史来源，有助于学生更好地理解所学概念和理论。这些故事包括孟德尔发现豌豆的遗传规律、达尔文提出进化论、沃森和克里克创立 DNA 分子的双螺旋结构模型，以及我国科学家人工合成结晶牛胰岛素。笔者在讲到伴性遗传病这一节时，提到了道尔顿在圣诞节给母亲买了一双长筒袜，却缘此发现色盲症的故事，学生听完以后，纷纷对"色盲症"的发病原因产生了较浓厚的兴趣，对该节新知识产生了强烈的学习愿望。

二、帮助学生形成科学的研究方法

当今世界，知识量剧增，学会学习乃至掌握科学方法远比单纯掌握知识有用，内化的科学方法作为思维和行动方式，可以提高学生的智力水平，并能促进科学方法的应用。美国天文学家卡尔·萨根认为："科学方法似乎毫无趣味，很难理解，但是它比科学上的发现要重要得多。"生命科学史中包括丰富的完整的研究方法，学生对此应有一定的理解。科学方法是科学精神的实体体现，是保证人们取得创造成果的重要手段。科学家们在科学精神的引导下运用科学方法，才能发现新的科学知识。因此，科学方法的创新也往往意味着划时代的科学理论诞生，故说生物科学史亦是生物科研方法的发展史。

生物学若无自己的科研方法，也就算不上一门科学了。例如，德国生化学家米舍尔在1869年发现了脱氧核糖核酸，其结构却不得而知，直到20世纪40年代末，科学家才发现核酸不但能够水解成碱基片段，还可以对其进行定量分析；50年代时，威尔金斯等人用X射线衍射技术潜心研究了DNA结构，证明DNA是一种螺旋结构；1953年，沃森和克里克根据已有的材料，提出了DNA的双螺旋模型，从而开创了分子生物学时代。这个漫长的过程本身就是一系列科学家提出假设、实验验证、归纳演绎、分析综合等众多方法共同使用的结果。在学习孟德尔遗传规律时，教师应该分析孟德尔成功之原因，比如为了保证子代的纯合性，他用严格自花传粉的豌豆做实验，并通过人工去雄、套袋，进行异花传粉以避外来花粉，只观察众多性状中的一对相对性状，从而从纷繁复杂的实验结果中总结出遗传定律来。自交、测交、正交、反交等交配方式和数学统计分析都体现了孟德尔实验方法之缜密与巧妙。孟德尔的实验过程，使学生了解到科学研究并非必须借以精密先进的仪器，也并非遥不可及高不可攀，成功的关键在于能想出巧妙的科学方法。科学方法的学习不仅对自然科学相当重要，而且对社会人文乃至个人生活，亦是不无裨益。例如，达尔文的进化论中物竞天择、适者生存的思想就已经深入到社会领域，成为人类分析社会发展的有力工具。

三、培养学生的探究能力

一部科学史就是一部探究史，正如美国科学史家萨顿所说："一部科学史，在很大程度上就是一部工具史，这些工具，无论有形或无形，由一系列人物创造出来，以解决他们遇到的某些问题。每种工具和方法都是人类智慧的结晶。"新课程理念倡导探究性学习，而生命科学史给教师提供了组织探究性学习的丰富材料。因为生命科学史的内容在很大程度上反映了科学家的探究历程，可以让学生站在巨人的肩膀上去体验和揣摩科学家思考和探究的本质过程、领悟科学方法、获取科学知识，从而培养探究的能力。

虽然新课改注重学生的自主探究，但某些教师缺乏对探究本身的认识与反思，认识上的误区使得教师在实践中一味遵循教材中的固定模式进行操作，这样直截了当地将探究模式本身强加给学生，就出现了为探究而探究的现象。还有一些教师循规蹈矩，并未准确认识何为探究教学以及如何培养探究能力。探究的含义经常被形式化，似乎只有带领学生完成了完整的探究过程才是探究，于是把灵活探究变成"提出问题、做出假设、制定计划、实施计划、得出结论、表达与交流"的新八股。这些做法都没有抓住探究教学的本质。教材必须将科学家的探索过程作为探究式学习的范例，并实现动态的真实的探究。教师也要发挥自己的主观能动性。

四、培养学生坚强的毅力和不畏艰难的科学精神

科学无坦途。数千年来，多少生物学家以客观真实为主旨，倾其毕生精力，藉坚韧不拔之毅力与聪明才智，精诚合作，越障碍，秉气节，反宗教，斗权威，战谬论，求真理，百折不挠，生物学才有了这么大的成就。科研之路无常胜之将，屡败屡战，期间不尽甘苦，谁诉？古今中外，英雄多磨难，凡事业有成者莫不如是。亚里士多德说过："吾爱吾师，吾尤爱真理。"

达尔文历经艰苦的五年环球考察活动，以二十载之积累而著成《物种起源》。达尔文的进化论不因人之祖先为猿而耻，于一片谩骂之中冲破思想禁锢，重创神创论之权威。赫胥黎为了捍卫达尔文的生物进化论，25年间与英国天主教势力奋战不休；李时珍耗半生心血，用27年才编成《本草纲目》。

对科学的执着使《昆虫记》的作者法布尔穷其一生来对昆虫进行细致入微的观察。吉耶曼和沙利经过 22 年的不懈工作，才从 100 万个猪脑中分离出了 1 mg 下丘脑素，最终于 1977年获诺贝尔生理学或医学奖。可见，科学结论之获得都包含着前人对操作程序的反复执行。他们是科学精神的活教材和典范，因此，教师不仅要利用好生物学家的事迹，探寻其精神世界，也要言传身教感染、熏陶学生，并努力创造条件，砥砺学生的意志于潜移默化的教学活动之中，使学生对未来充满憧憬，奋发有为。

五、生命科学史有民族精神教育的作用

进化学家达尔文查阅了许多的中国古代生物学资料，他在《动物和植物在家养下的变异》和《物种起源》两部巨著中论述了古代的中国人对人工选择及变异理论的卓越贡献，其中包括金鱼的培育，并多次指出，他在中国著作中找到了其学说赖以建立的历史渊源。1965 年我国的科研人员在世界上第一次合成了结晶状态的牛胰岛素。1981 年我国的科研人员又在世界上第一次用人工的方法合成了酵母丙氨酸转运核糖核酸。这些具有世界先进水平的生物学成就可以激发学生的爱国热情和民族精神。

此外，科学家爱国的事例也可以对学生进行爱国主义教育。比如许多具有民族自豪感的科学家，在取得了巨大的成就和荣誉后，都对祖国念念不忘。比如，植物分类学的开山鼻祖林奈在成名以后得到了西班牙国王的定居邀请，保证其充分的学术自由并给他发高额的薪俸，然而林奈却婉言谢绝了。因为他热爱他的祖国瑞典，故土难移。同时，在生命科学史上的经典实验中，大多是国外的科学家的贡献，而鲜有中国科学家的身影，教师应客观地分析各种深层次的原因，从而激励学生发奋图强，树立为国争光的远大志向。

六、对学生进行辩证唯物主义教育

生命科学史是唯物主义同唯心主义、辩证法同形而上学的斗争史。生命科学史上，科学家的思维总会不自觉地受到他们脑中的哲学思想的支配，这直接影响到他们的理论确立。在斗争中，正确的科学理论逐渐占了上风。19 世纪进化论和细胞学说的建立，使生物科学彻底建立在辩证唯物主义的基础上。学生了解这一过程，有利于领悟辩证唯物主义的基本原理，使学生自觉运用辩证唯物主义和历史唯物主义观点来分析生物，充分认识生命世界的物质的对立统一性、发展性和普遍联系性。

七、促进知识的理解和创新思维能力的提高

物理学家劳厄认为，重要的不是获得知识，而是发展思维能力，真正的教育成果是忘尽一切所学之时，心中尚存之解决新问题之思维能力。教学魅力之大者，乃学生与科学家在同一认知过程之中产生思维上的共鸣。爱因斯坦也说过："结论几乎总是以完成的形式出现在学生面前，学生体会不到探索和发现的喜悦，感觉不到思想形成的生动过程，也很难达到清楚地理解全部情况。"迈尔写的《生物学思想发展的历史》认为，学习生命科学史是理解生物概念的最佳途径。只有了解了这些生物学概念产生的艰难过程，并弄清楚过去曾经发生的失误，才能算是真正地理解生物学的概念。

在生物教学中，我们告诉学生的大多是概念、定理、规律等相应的结论，主要精力都放在让学生如何"灵活"地应用这些知识去解决纸面上的问题上，而对这些理论的发展过程介绍较少。这种重结论而轻过程的教学是一种偷工减料的教学，它在根本上剥离了知识与思考的交错联系，因此，学生所学到的知识是静止孤立的，甚至是有些肤浅的，这就限

制了学生的思考和创新的空间，无法培养学生的创新意识和创新能力，这其实是摧残学生智慧，扼杀其个性之举。在新课改的背景下，中学生命科学史中的经典实验重演了人类发现知识的过程。科学家细致的观察与分析，严密的实验过程，缜密的推理分析等，让学生在生命科学史的框架中更准确地理解生命科学知识、科研方法以及生物学概念和原理的来龙去脉和演变过程。

因此，生命科学史作为普及生物学知识的有效手段经常被放在教科书的每一部分的开头部分。同时，高中生物教材的编写顺序，也要与人类认识自然界的一般过程一致，即由浅入深，由未知到已知。例如，"植物的激素调节"首先介绍了生长素的发现的实验过程，通过让学生思考讨论并自己设计实验，同时比较科学家的实验过程和结果，学生不但能够掌握知识，也培养了思考能力。

八、培养学生高尚的道德情操

德育不可藉空洞之说教，只有具体之案例才能令人信服。科学家唯真理至上，在荣誉面前互相谦让，不计个人得失的崇高品德能起到德育之功能。例如，孟德尔在1865年发表了揭示出遗传学的两个基本规律的《植物杂交试验》的论文后，论文遂埋没于故纸堆之中，直到 1900 年，荷兰的德弗里斯、柯伦斯和奥地利的丘歇马克三人，在都不知道孟德尔工作的情况下准备各自发表自己的研究成果时，却在最后查阅到了尘封已久的孟德尔的论文，虽然是三人都付出了巨大的努力才取得了骄人的研究成果，然而他们却毅然把发现遗传定律的荣誉归于孟德尔，并把孟德尔称为"现代遗传学之父"，他们自己的工作只被说成是证实或重发现而已。这三位无私的科学家对孟德尔工作的发现，奠定了遗传学大厦的基础。达尔文和华莱士也曾经相互推让创建自然选择学说的荣誉，甚至还彼此鼓励对方先发表论文，这也成为生命科学史上的一段佳话。胡克与牛顿之争执、科赫结核菌素之惨痛教训，则可以当作德育的反面教材。

九、树立全面而准确的科学家的形象

生命科学史可以帮助树立真实、全面、准确的科学家的形象，并加深对科学本身的理解。如果只进行专业的科学训练，有可能把学生培养成不关心社会和他人，道德观念薄弱，而仅仅在某一专门领域有着熟练的技巧的人。历史上的伟大的科学家大多数都不仅拥有丰富的自然科学知识，也秉承了独立思考、追求自由的科学精神和平等博爱的人文关怀。而单纯通过生物教材，学生无从得知创造科学理论的科学家到底是什么样的人。此外，生命科学史还揭示科学与其他学科比如哲学、宗教、政治、文学等的关系，以及科学自身的文化背景，从而让学生体会到人类文明的统一性，领悟到科学也是人类文明的有机组成部分之一。

十、培养学生的历史感和批判精神

古人云："以铜为镜，可以正衣冠；以古为镜，可以知兴替；以人为镜，可以明得失。"罗马作家西塞罗说："一个人不了解他出生之前的事情，那他始终只是一个孩子。"历史意识是一个人、一个民族成熟的标志。法国教育家保罗·朗之万也说："在科学教学中，加入历史观点是有百利而无一害的。"弗兰西斯·培根说："读史使人明智。"历史感指的是一种清醒独立的判断力，即依据历史上相似的情境来判定事物之能力。

目前，学生主要通过教科书来了解科学，因而总是以一种非历史的眼光来看待科学，认为科学有与生俱来的永恒的真理性，抑或以为科学只能从天才的头脑中产生，与普通人无缘。可是透过生命科学那厚重的历史，可见真理与谬误交织，理论之演变宛如积木拼图游戏，先于黑暗中摸索，继而轮廓渐渐清晰；科学亦如其他的人类文化，只能滋生于特定的文化土壤，在特定的历史条件下，由特定的文化素养和文化传统的人来发展。科学作为人类的发明和思想方法，理应在人类历史中占有显著的地位。虽然科学家们用科学从疾病的蹂躏中拯救出来的人数比所有的战争毁灭的人数要多得多，然而历史课堂上的科学发展史内容却相对较少。而生物教材上介绍的大多是现成的知识，对于前人知识的积累过程中的批判与反批判的过程，一般较少涉及。而这种批判的过程对学生养成批判精神有启示作用。"异议是爱国的最高形式"是美国第三任总统托马斯·杰斐逊的一句名言。当学生对学术上的各种不端行为提出异议甚至批判的时候，也正表现了学生心忧天下的爱国主义精神。

十一、打破文理隔阂，将科学教育与人文教育融合到一起

很多教师认为探究式教学就是必须要应用实验或科学问题的实际解决方法。这种科学探究以简单化的纯粹的事实累积的方式来演绎生命科学史，却忽略了科学发现过程中的社会物质条件和思想文化的因素。因此，应将整合科学教育与人文教育融合，多角度地认识科学的历史。美国

圣母大学校长赫斯伯认为，教育要塑造一个完整的人，因此，完整的教育应同时包括"学会做事"和"学会做人"两个部分，前者必须接受科学教育，养成科学精神；后者则必须接受人文教育，养成人文精神。乔治·萨顿将科学史看作沟通自然科学与人文学科的最好桥梁。因为科学史关注的焦点放在了科学家身上，所以在进行生命科学史教育时，不仅要讲到当时的科学探究的政治经济、社会和学术环境，还要讲到科学家个人的思想和性格。美国在其《2061 计划》中写道："科学不只是大量知识的聚集，亦非只是一种积累并验证知识的方法，它更是一种融入了人类价值观的社会活动，科学家的科研活动与其他社会成员的活动没有本质上的不同，他们都体现出实施者的道德伦理观、世界观和价值观。"

生命科学史极大地推进了素质教育。以往的课堂教学，教师重在向学生灌输科学结论，却忽视了人文精神的培养，使学生迷失于科技崇拜之中。殊不知，科学技术是一把"双刃剑"，可为人类谋福祉，然若其被滥用，亦速祸焉，关键要看使用者持何价值取向。譬如，基因工程可改造生物，提高农作物产量，抑或治病救人，然若希特勒等战争狂徒用之进行种族清洗，便成人类之洗劫。近年来，转基因食品的是非之争犹在耳畔，克隆羊"多利"之问世引发更大的道德伦理冲突，令世界振聋发聩。

生物科学史作为一种文化积淀，浓缩了生物学的发展过程的全貌。学生可以在生物科学史中真实地体会到各个学科在发展历史上的一致性，而且体会人文学科和自然科学的密切关联。生物科学史将科学教育的"求真精神"跟人文教育的"求美意识"相结合，使学生具有科学精神的同时陶冶其人文精神，扩展学生视野，从而培养全面发展的人。对目前严格分文理科的教育体制来说让理科学生多学一些历史，让文科生多学一些自然科学，将有利于学生全面理解科学与人文的关系，从而打破文理隔阂。

十二、培养学生的合作意识

在生命科学史上，许多重大的科研成果是多领域跨学科的科学家精诚合作共同攻关才获得的。例如沃森和克里克的珠联璧合才建立了"DNA双螺旋结构"，可谓生命科学史上不同领域的科学家合作的典范。协作精神要求人们要相互尊重和理解，创造相对宽松、和谐、民主的交流环境。当今之势，应首倡团队精神，因为科学技术的滥用造成的"环境污染、生态失衡、气候反常、人口膨胀、资源枯竭、核战争威胁"

等全球性问题的解决有赖于不同领域学科的科学家和政府联合攻关。如果能让学生了解到科学家的合作过程，学生就能在学习和未来的生活中最大程度地与他人合作，从而更好地完成任务。

参考文献

［1］张惟杰.生命科学导论［M］.北京：高等教育出版社，2008.

［2］人民教育出版社生物课程教材研究开发中心.全日制普通高级中学教科书生物1（必修）分子与细胞［M］.北京：人民教育出版社，2011.

［3］人民教育出版社生物课程教材研究开发中心.全日制普通高级中学教科书生物2（必修）遗传与进化［M］.北京：人民教育出版社，2011.

［4］人民教育出版社生物课程教材研究开发中心.全日制普通高级中学教科书生物3（必修）稳态与环境［M］.北京：人民教育出版社，2011.

［5］张民生.自然科学基础［M］.北京：高等教育出版社，2008.

［6］孙毅霖.生物学的历史［M］.南京：江苏人民出版社，2014.

［7］王永胜，等.生物学核心概念的发展［M］.北京：人民教育出版社，2011.

［8］（美）洛伊斯.N.玛格纳.生命科学史［M］.上海：上海人民出版社，2012.

［9］（美）迈尔.生物学思想发展的历史［M］.成都：四川教育出版社，2010.

［10］任小文.合理构建教学实现生命科学史的教育价值［J］.生物学通报，2010，45（11）：36-37.

［11］王延玲.例谈基于生命科学史的课堂教学策略［J］.大连教育学院学报，2014，30（3）：48-49.

［12］王荐.生命科学史有效教学的思考与对策［J］.中学生物学，2011，27（8）:18-19.

［13］李艳玲.探讨生物科学史在生物教学中的重要作用［J］.教育学文摘，2013（2）.

［14］金昌.应用生物科学史在教学中突破难点［J］.生物学教学，2008，33（2）:28-29.

［15］蔡红英.应用生物学史开展高中生物科学方法教育的研究［D］.辽宁：沈阳师范大学，2011：40-45.

附录

生物学大事年记

古希腊学者亚里士多德描述了500种动物并且予以分类，将动物分成有血动物和无血动物。前者又可以分成有毛胎生四足类、鸟类、鲸类、鱼类、蛇类、卵生四足类；后者又分成软体类、甲壳类、有壳类、昆虫类。他还对一部分动物做了解剖和胚胎发育的观察，著有《动物志》《动物的结构》《动物的繁殖》等。这些著作是最早的动物学研究成果。

古希腊医生盖伦把古希腊的解剖知识和医学知识系统化，创立了人体解剖学。

文艺复兴时期的意大利艺术家、自然科学家和工程师达·芬奇，由于艺术创作的需要，研究了人体解剖、肌肉活动、心脏跳动、眼睛的结构与成像以及鸟类的飞翔机制。绘制了前所未有的精确的解剖图。

1543年，比利时医学家维萨里所著《人体的结构》出版，首次否定盖伦关于血液通过心脏中膈细孔而运行的论点，并且对盖伦其他的观点也做了修正，创立了近代人体解剖学。

1609年，意大利物理学家、天文学家伽利略制造了一台复合显微镜，并用于观察昆虫的复眼。

1628年，英国医生、解剖学家哈维所著《论动物心脏和血液运动的解剖学》出版，建立了血液的循环理论。

1660年，意大利解剖学家马尔比基观察到蛙肺里连接动脉和静脉的毛细血管，证实了哈维的血液循环理论。

1665年，英国物理学家胡克在显微镜下观察软木切片，发现了蜂窝状的小室，称之为"细胞"。

1735年，瑞典植物学家林奈所著《自然系统》第一版出版，把自然界的植物、动物、矿物，分成纲、目、科、属、种。首先实现了植物与动物分类范畴的统一，并且创立了双名法。

1771年，英国化学家普利斯特利，用实验证明了绿色植物可以恢复因燃烧而"损坏"了的空气。

1777年，法国化学家拉瓦锡，确认了动物呼吸是一种缓慢燃烧过程。

1791年，意大利解剖学家加尔瓦尼的著作《肌肉运动中的电效应》出版，书中阐述了神经的电传导现象。

1796年，英国的医生詹纳，最先在欧洲采用牛痘接种预防天花，实现了人体的主动免疫。

1805 年，法国动物学家、比较解剖学家和古生物学家居维叶，提出各器官形态结构与功能之间的相关理论。他用比较解剖学方法研究灭绝动物的化石遗骸，提出灾变论。

1809 年，拉马克所著《动物哲学》出版。该书系统地论述进化思想，认为用进废退和获得性遗传是物种进化的机制。

1838—1839 年，德国植物学家施莱登和德国动物学家施旺，先后发表《植物发生论》《动植物结构和生长一致性的显微研究》，共同建立了细胞学说。

1849—1859 年，法国的生理学家贝尔纳发现并验证肝脏内的糖原生成作用、血管舒缩、胰液消化作用，提出了"内环境稳定"概念。

1857 年，法国微生物学家巴斯德证实乳酸发酵是由有生命的微生物引起的。

1859 年，英国生物学家达尔文与华莱士联合发表阐述生物进化思想的论文。

1859 年，达尔文所著《物种起源》出版了。

1862—1865 年，德国植物学家萨克斯指出淀粉是光合作用的产物，以后又指出叶绿素包含在特殊的小体（1883 年命名为叶绿体）内。

1869 年，瑞士生理学家米舍尔首次分离出核素（即核酸）。

1876 年，德国医生、微生物学家科赫发现了炭疽病原体，并且创建了细菌的培养技术。

1880—1885 年，巴斯德研制出鸡霍乱病疫苗、炭疽疫苗、狂犬病疫苗等。

1882 年，科赫发现了结核杆菌，并且证明其有传染性。

1898 年，中国思想家严复翻译的《天演论》出版。《天演论》是英国赫胥黎《进化论与伦理学》一书的中译文，对中国的思想界影响很大，书中介绍了"物竞天择，"适者生存"的进化论思想。

1902 年，英国生理学家贝利斯和斯他林提取出了"肠促胰液肽"，并且命名为激素。

1902—1904 年，美国生物学家、医生萨顿和德国生物学家鲍维里提出孟德尔式的遗传同细胞中染色体的行为相平行，所以染色体是遗传物质的基础。

1910 年，美国遗传学家摩尔根发现了伴性遗传现象，第一次用实验证明"基因"坐落在染色体上。

1915 年，摩尔根和他的学生斯特蒂文特、布里奇出版了《孟德尔遗传原理》，用果蝇为材料的大量实验证明基因在染色体上呈线形排列，发现了连锁和交换现象，补充了孟德尔定律。

1922 年，加拿大生理学家班廷和贝斯特提取出纯胰岛素。

1926 年，摩尔根的《基因论》出版，该书系统地阐述了遗传学在细胞水平上的基因理论。

1928 年，英国微生物学家弗莱明发现了青霉素的抑菌和杀菌作用。

1944 年，美国生化学家李普曼发现在代谢过程中起重要作用的辅酶 A，从而打通了糖酵解、脂肪酸氧化等的最终产物进入三羧酸循环的通道。

1953 年，美国生物学家沃森和英国晶体结构分析学家克里克提出 DNA 双螺旋结构的分子模型。

1954 年，俄国出生的美国天体物理学家伽莫夫提出了三联体密码的假说，并且提出 64 个密码的推论。

1957 年，克里克提出了 DNA 指导蛋白质合成的"中心法则"

1958 年，英国生物化学家梅塞尔森和斯塔尔对 DNA 双螺旋结构的半保留复制模型进行了实验的证明。

1959 年，美籍华裔生殖生理学家张明觉在长期对生殖生理规律研究的基础上，获得了世界上第一个哺乳动物体外成功的"试管兔"，为 1978 年世界上第一个"试管婴儿"的诞生奠定了基础。

1960 年，中国生物化学家邹承鲁等，完成了胰岛素 A、B 两链的拆合研究，成功地使 A、B 两链拆开而失去活性的胰岛素的生物活性失而复得。

1961 年，美国生物化学家尼伯伦格等用实验证明聚尿苷酸编码合成聚苯丙氨酸，从而确定了苯丙氨酸的密码是 UUU。这是第一个被破译的遗传密码。

1966 年，经过美国多位生物化学家的努力，确定了组成蛋白质的 20 种氨基酸的全部遗传密码。

1970 年，美国神经生理学家斯佩里证明了大脑左右两半球在感受和思维功能上有一定的专门化，左半球在语言和计算上占优势，右半球则在音乐、情绪感受、整体、直观等方面占优势。

1972 年，桑格和尼克森提出生物膜的流动镶嵌模型。

1973 年，美国遗传学家科恩发现，将外源 DNA 片段插入大肠杆菌质粒后，产生嵌合质粒；当嵌合质粒重新导入大肠杆菌时，仍具有功能。此后，这成为外源基因克隆到细菌中的主要方法。

1975 年，阿根廷免疫学家米尔斯坦同联邦免疫学家克勒在英国利用细胞融合技术，成功地获得了世界上第一株能够稳定分泌单一抗体的杂交瘤细胞株，开创了应用单克隆抗体的新纪元。

1977 年，两组美国生物化学家桑格和吉尔伯特等发明了对大片段 DNA 进行快速序列分析的方法。

1977 年，两组美国生物化学家——HW 博耶组合 AD 里格斯组共同努力，利用重组 DNA 的方法，将人工合成的丘脑下部生长激素抑制素的基因导入大肠杆菌中，表达成功。这项工作揭开了分子生物学新的一页。

1980 年，在王应睐的指导下，中国科学院上海生物化学研究所王德宝等与上海细胞生物学研究所、上海有机化学研究所、中国科学院生物物理研究所和北京大学生物系等单位的一批研究人员合作，完成了酵母丙氨酸 tRNA 的人工合成。

1983 年，缪里斯发明了聚合酶链式反应（PCR）技术。

1984 年，Alec Jeffreys 发明了基因指纹技术，从而可以用人的头发、血液和精液等来鉴定身份。

1984 年，关于人类基因组测序的第一次公开讨论开始。

1985 年，晶体分析学家 R 休伯和戴维森用 X 光衍射方法，对西德生化学家 H 米舍尔于 1982 年成功提取的生物膜上的色素复合体"光合作用反应中心"，成功地进行了结构的分析。这是对光合作用机理认识的一次飞跃。

1986 年，Leroy Hood 开发了 DNA 序列自动测序仪。

1988年，人类基因组织（HUGO）成立。

1989年，美国两个实验室用扫描隧道电子显微镜（STM）首次拍摄到DNA双螺旋结构的照片，进一步证实了沃森和克里克1953年提出的模型。

1990年，美国正式启动了人类基因组计划，随后，德国、日本、英国、法国和中国也相继加入了该计划。

1991年，德国细胞生理学家埃尔温·内尔和贝尔特·萨克曼因发明和应用了膜片钳技术，首次证实了在细胞膜上面存在着离子通道，他们因此共同获得了当年的诺贝尔生理学或医学奖。他们的发现不仅是神经科学和细胞生物学发展史上的重要的里程碑，而且对糖尿病和心血管病等多种疾病的药物治疗也有很多的启示。

1992年，美国生物化学家埃德蒙·费希尔和埃德温·克雷布斯被授予本年度诺贝尔生理学或医学奖，以表彰他们在"可逆蛋白质磷酸化作用"方面的发现。1958年，他们曾从肌肉中提纯并鉴定出第一种蛋白激酶，此酶能够使得肌肉中的糖原分解。他们证实，这种酶通过两个途径促使分解：一是抑制糖原合成酶使之失去活性；二是激活磷酸化激酶，后者再激活糖原磷酸化酶促使糖原分解。以后的研究表明，蛋白激酶催化蛋白质磷酸化反应的过程（亦称蛋白质磷酸化），是细胞中广泛存在的一种基本代谢调节机制。蛋白激酶与cAMP协同，共同完成信息的传递功能。因此，费希尔和克雷布斯的发现，对基因理论、细胞生物学及现代医学的发展都具有重要的意义。

1993年，英国罗伯茨和美国夏普，因在1977年分别发现了割裂基因而获得1993年诺贝尔生理学或医学奖。他们的实验证明，真核生物的基因内部是不连续的，基因中的编码区被一些非编码区所割裂。

1995年，英国科学家刘易斯、维绍斯，德国科学家福尔哈德，因为发现了控制早期胚胎发育的重要的遗传机理，并且利用果蝇作为试验系统，发现了同样适用于高等有机体的遗传机理，在这一年共同获得了诺贝尔生理学或医学奖。

1997年，美国科学家普鲁西纳，因发现了一种全新的蛋白致病因子——朊蛋白，并且在其致病机理的研究方面做出了杰出贡献，而于这一年获得了诺贝尔生理学或医学奖。

2001年，人类基因组工作草图公开发表。

2003年，人类基因组测序任务圆满完成。

2002年，英国科学家希尼·布雷尔、美国科学家罗伯特·霍维茨因选择线虫作为新颖的实验生物模型，找到了对细胞每一个分裂和分化过程进行跟踪的细胞图谱，而共同获得了这一年度的诺贝尔生理学或医学奖。

2005年10月3日，瑞典卡洛琳斯医学院宣布，把2005年诺贝尔生理学或医学奖授予了澳大利亚科学家巴里马歇尔和罗宾沃伦，以表彰他们发现了导致胃炎和胃溃疡的细菌——门螺旋杆菌。

2007年，诺贝尔生理学或医学奖授予美国科学家马里奥·卡佩奇（Mario R.Capecchi）和奥利弗·史密斯（Oliver Smithies），英国科学家马丁·埃文斯（Martin J.Evans），以表彰他们通过应用胚胎干细胞向小鼠中引入特定基因修饰技术方面所做的贡献。

2008年，诺贝尔生理学或医学奖由德法三名科学家分享。德国癌症研究中心的科学家Haraldzur Hausen因发现人类乳突淋瘤病毒（HPV）导致子宫颈癌而获奖；法国两位科学家，巴斯德研究所病毒学系逆转录病毒感染调控小组的Francoise Barré–Sinoussi和巴黎世界艾滋病研究与预防基金会的Luc Montagnier因发现人类免疫缺陷病毒（HIV）而获奖。

2009年，诺贝尔生理学或医学奖授予美国加利福尼亚旧金山大学的伊丽莎白·布莱克本（Elizabeth Blackburn）、美国巴尔的摩约翰·霍普金医学院的卡罗尔·格雷德（Carol Greider）、美国哈佛医学院的杰克·绍斯塔克（Jack

Szostak）以及霍华德休斯医学研究所，以表彰他们发现了端粒和端粒酶保护染色体的机理。

2010年，诺贝尔生理学或医学奖在瑞典首都斯德哥尔摩揭晓。被誉为"试管婴儿之父"的英国科学家罗伯特·爱德华兹，因"在试管授精技术方面的发展"而被授予该奖项。

2012年10月8日瑞典卡罗林斯卡医学院宣布，将2012年诺贝尔生理学或医学奖授予英国科学家约翰·格登和日本医学教授山中伸弥，以表彰他们在"体细胞重编程技术"领域做出的革命性贡献。

2013年，瑞典卡罗琳医学院在斯德哥尔摩宣布，将2013年诺贝尔生理学或医学奖授予美国科学家詹姆斯·罗思曼、兰迪·谢克曼以及德国科学家托马斯·祖德霍夫，以表彰他们发现细胞的囊泡运输调控机制。

2015年，诺贝尔生理学或医学奖授予中国药学家屠呦呦以及爱尔兰科学家威廉·坎贝尔和日本科学家大村智，表彰他们在寄生虫疾病治疗研究方面取得的成就。